BIBLIOTHÈQUE DES MERVEILLES

PUBLIÉE SOUS LA DIRECTION
DE M. ÉDOUARD CHARTON

L'OR ET L'ARGENT

PRINCIPAUX OUVRAGES DU MÊME AUTEUR

A LA LIBRAIRIE HACHETTE ET Cie

La Vie souterraine ou *les Mines et les Mineurs*, 1 volume in-8 avec 160 gravures sur bois, 30 cartes tirées en couleur et 10 planches tirées en chromolithographie. 2e édition. Broché. . 30 fr.

Les Pierres, *Esquisses minéralogiques*, 1 volume in-8 avec 91 gravures sur bois, 15 cartes coloriées et 6 chromolithographies, par Cicéri, Faguet et Bonnafoux. Broché. . . . . 10 fr.

Les Merveilles du Monde souterrain. 3e édition, 1 volume in-18 jésus avec 18 vign. par A. de Neuville et 9 cartes. Broché 2 fr 25

Le Monde américain, *Souvenirs de mes voyages aux États-Unis*. 2e édition, 1 volume in-18 jésus. Broché. . . . . 5 fr. 50

AUX LIBRAIRIES HETZEL, CHALLAMEL ET CHARPENTIER

L'Histoire de la Terre, *Origines et Métamorphoses du Globe*. 7e édition. — Paris, Hetzel.

Les Pays lointains, *Notes de voyages* (la Californie, l'île Maurice, Aden, Madagascar). 2e édition. — Paris, Challamel aîné.

La Toscane et la mer Tyrrhénienne, *Études et explorations* (la Maremme, Carrare, l'île d'Elbe, les ruines de Chiusi. — Paris, Challamel aîné.

Le Grand-Ouest des Etats-Unis (les Pionniers et les Peaux-Rouges, les Colons du Pacifique). — Paris, Charpentier.

A travers les Etats-Unis, *de l'Atlantique au Pacifique* (le grand Désert, les Mormons, les mines de Nevada et de Californie, les immigrants, les derniers Peaux-Rouges). — Paris, Charpentier.

Typographie Lahure, rue de Fleurus, 9, à Paris.

Fig. 35. — Descente par les échelles dans les mines d'argent du Mexique.

BIBLIOTHÈQUE DES MERVEILLES

L'OR ET L'ARGENT

PAR

L. SIMONIN

OUVRAGE

ILLUSTRÉ DE 67 VIGNETTES SUR BOIS

PAR

A. DE NEUVILLE, SELLIER, FÉRAT, ETC.

PARIS

LIBRAIRIE HACHETTE ET Cie

79, BOULEVARD SAINT-GERMAIN, 79

1877

A

MONSIEUR LE DOCTEUR

THÉODOSE DUGAS

En témoignage de respectueux attachement et de vieille sympathie,

L. S.

PRÉFACE

L'auteur raconte dans ce livre l'histoire de l'or et de l'argent.

Il dit séparément comment on les découvre, comment on les exploite, comment on les retire de leurs minerais, et quelles mines d'or et d'argent ont été reconnues sur le globe.

Il fait connaître l'emploi de ces deux métaux comme monnaie et dans les arts, et termine par quelques considérations sur le rôle qu'ils jouent dans le développement des sociétés humaines.

Aucun détail n'a été omis sur les mines d'or et d'argent les plus récentes : celles de Californie, d'Australie, de Nevada. L'auteur a visité entre autres la plupart des mines de métaux précieux de l'Amérique du Nord; il a même dirigé une exploitation en Californie, et il parle le plus souvent d'après ses expériences personnelles.

Ceci est particulièrement l'œuvre d'un explorateur et d'un ingénieur; mais c'est en même temps une œuvre familière, qui essaye de faire descendre à la portée de tous l'art des mines et de la métallurgie.

Tout le monde peut lire ces pages, parce qu'on en a

banni soigneusement tous les termes de métier et tous les détails trop ardus ou trop techniques. Ce n'en est pas moins une œuvre de science appliquée et qui peut intéresser chacun, parce que l'or et l'argent nous intéressent tous à divers titres.

Qui de nous ne s'est demandé bien des fois comment se fait la production, la circulation et la consommation de ces deux métaux, qui font leur apparition sur le globe dès le commencement de l'histoire, et sans lesquels aucune civilisation, aucun commerce ne semble possible?

C'est à cette question que j'ai essayé de répondre, le lecteur dira si j'y ai réussi.

L. Simonin.

Paris, juin 1877.

L'OR ET L'ARGENT

I

LA DÉCOUVERTE DE L'OR EN CALIFORNIE

Le mormon Marshall et la scierie du capitaine Sutter. — L'orpailleur georgien Humphrey. — Les fermiers Reading et Bidell. — La fièvre de l'or. — L'immigration.

On était au 19 janvier 1848, et le traité de Guadalupe Hidalgo, qui devait faire passer la Californie des mains inhabiles des Mexicains à celles des énergiques pionniers des États-Unis, allait être signé dans dix jours.

Un mormon, James Marshall, enrôlé dans les milices américaines que le vieux général Scott avait conduites si glorieusement à la prise de Mexico, venait d'être licencié. Il regagnait par terre, du côté du Pacifique, le lointain territoire où ses coreligionnaires avaient définitivement planté leur tente. A bout de ressources, il s'arrêta à la Nouvelle-Helvétie, un fort que le fermier Sutter, ancien capitaine des gardes suisses de Charles X, émigré après 1830 aux États-Unis, puis en Californie, avait bâti au bord du fleuve Sacramento. Marshall offrit le secours de ses bras au colon helvétien. Celui-ci l'envoya travailler à une scierie de bois qu'il établissait à Coloma, à 56 kilomètres à l'est de son fort, sur un affluent du Sacramento qu'on appelait déjà la rivière Américaine (fig. 1).

Un matin, Marshall trouva dans le canal qu'il creusait pour amener l'eau à la scierie des parcelles d'un métal jaune. Lui et les ouvriers ses camarades jugèrent tout de suite que ce pouvait être de l'or. Chaque jour, le mormon venait visiter le seuil du canal pour voir s'il n'y trouverait pas de nouvelles pépites; les autres le laissaient faire et s'occupaient plutôt de planter des légumes et d'ensemencer du blé, tout en achevant l'érection de la scierie.

Cependant, l'eau qu'on avait amenée dans le canal pour mettre en mouvement la roue hydraulique qui faisait marcher les scies, avait dilué une quantité considérable de terre que le courant avait entraînée, laissant en chemin les paillettes et les pépites d'or, beaucoup plus lourdes que le sable et l'argile.

La collection de Marshall s'augmenta, et ses camarades finirent par croire qu'il pourrait bien avoir découvert une riche mine d'or[1].

Fig. 1. — La scierie de Coloma (Californie) où fut trouvée la première pépite

On arriva de la sorte au milieu de février. L'un des hommes de la scierie, nommé Bennett, vint

[1] Ailleurs, et notamment dans *la Vie souterraine*, j'ai raconté d'une façon un peu différente la découverte de l'or en Californie, d'après le *Miner's own book*, une brochure publiée à San Francisco, en 1858. Le récit que je donne aujourd'hui est emprunté

alors à San Francisco, et y fit la connaissance d'un Américain, Isaac Humphrey, qui avait comme orpailleur lavé des sables dans l'État de Georgie. Celui-ci, sur le vu des échantillons que lui soumit Bennett, proclama tout de suite la richesse des nouveaux placers, et fit ses préparatifs pour gagner la scierie de Coloma. Il essaya d'engager quelques-uns de ses amis à le suivre; mais eux, craignant de perdre leur temps et leur argent dans cette aventure, le laissèrent partir seul avec Bennett.

Les deux voyageurs arrivèrent à Coloma le 7 mars, et trouvèrent la scierie en marche. Tout y était calme, absolument comme si aucune mine d'or n'existait dans le voisinage. Le lendemain, Humphrey s'armait d'une pelle et d'un plat, et lavait une portion de la terre ramassée au fond du canal, à la même place où Marshall avait trouvé les premiers spécimens d'or natif. Quelques heures après, l'orpailleur georgien déclarait que ces mines étaient plus riches qu'aucune de celles qu'il avait vues jusque-là. Alors il construisit un appareil à laver, celui précisément qu'on appelle le berceau ou *rocker*, et dont les mineurs georgiens ont de tout temps fait usage. Chaque jour, à l'aide de cet appareil, il récoltait une once ou deux du précieux métal, l'once

à une publication officielle : *Reports upon mineral ressources of the United States by special commissioners*, J. Ross Browne and James W. Taylor ; Washington, government printing office, 1862.

d'or valant environ 85 francs. Ce que voyant, les hommes de la scierie s'empressèrent de l'imiter, se fabriquèrent chacun un berceau et se mirent tous avec ardeur à la recherche de l'or.

La scierie ne tarda pas à chômer, chacun s'était transformé en orpailleur, et le capitaine Sutter, accouru pour voir ce dont il s'agissait, avait fait comme tous les autres.

La nouvelle de cette découverte inattendue se répandit promptement en Californie. Vers le milieu de mars, Pearson Reading, propriétaire d'une grande ferme sur le haut Sacramento, vint par hasard au fort de Sutter, et là, apprenant ce qui se passait à Coloma, s'y rendit. Remarquant que les formations du terrain le long de la rivière Américaine rappelaient celles de la localité qu'il habitait, il retourna bien vite chez lui, et quelques semaines après il lavait les sables du ravin Clear à 322 kilomètres au nord-ouest de Coloma, et y trouvait de grandes quantités d'or.

A peine Reading avait-il laissé Coloma, qu'un autre fermier, John Bidell, qui devait représenter plus tard, en 1866, le district nord de l'État de Californie à la Chambre basse du Congrès, vint à son tour à la scierie de Sutter. Moins d'un mois après, il occupait tous les Indiens de sa ferme à laver l'or sur les bords de la rivière Feather, Plumas des Espagnols ou la Plume, comme l'ont appelée depuis les mineurs français de Californie. La ferme de Bidell étant à peu près à moitié route entre Coloma et celle de Reading, on pouvait dire que toute la vallée du Sacramento était aurifère.

Le 15 mars, pour la première fois, la découverte de l'or était révélée publiquement. « Dans le canal qu'on vient de construire pour amener l'eau à la scierie du capitaine Sutter sur la rivière Américaine, l'or a été découvert en quantité considérable, disait le journal qui paraissait à San Francisco ; une seule personne a porté à la Nouvelle-Helvétie pour 30 dollars (150 francs) de pépites récoltées en un moment. » Quatorze jours après, le même journal annonçait qu'il suspendait sa publication. « Par tout le pays, écrivait-il, de San Francisco à Los Angeles et des rivages du Pacifique au pied de la Sierra, on n'entend plus que ce cri sauvage : De l'or! de l'or! de l'or! Les campagnes sont laissées à moitié ensemencées, les maisons à moitié bâties ; tout est négligé, on ne pense plus qu'à s'armer d'un pic et d'une pelle et à se ruer sur les lieux où un seul mineur a gagné dans sa journée 150 dollars (750 francs) et où la moyenne du bénéfice quotidien de chacun est de 20 dollars au moins. »

En un clin d'œil, les villes, les fermes de Californie furent en effet abandonnées à la garde des femmes, des enfants, et tous, fermiers, vachers, bûcherons, artisans, tous, même les soldats et les marins, qui avaient déserté ou demandé un congé, tous coururent laver les sables aurifères de la vallée du Sacramento. Avides, remuants, toujours inquiets, jamais satisfaits, ils changeaient chaque jour de place, espérant sans cesse trouver plus le lendemain que la veille; mais tous déployaient en même temps une énergie et une activité peu communes; si bien qu'avant la fin de 1848, depuis la rivière Tuolumne jusqu'à la rivière Feather, sur une distance de 240 kilomètres, et même beaucoup plus loin, jusqu'à la ferme de Reading dans le haut Sacramento, les mineurs étaient occupés à laver l'or le long de tous les cours d'eau qui descendent du flanc occidental de la Sierra-Nevada.

Les premières nouvelles de la découverte de l'or en Californie furent reçues dans les États atlantiques de l'Amérique du Nord, dans toute l'Amérique espagnole et en Europe, avec un sourire d'incrédulité. On s'en moqua même quelque peu comme d'un de ces *humbugs* familiers aux Yankees. Mais bientôt l'arrivée du précieux métal en sommes considérables, et les lettres enthousiastes des officiers fédéraux et de personnages connus, tous occupés à l'exploitation des placers [1], modifièrent ces premières impressions, et un mouvement d'émigration jusque-là sans précédent commença. L'Orégon, les

[1] Le mot *placer* est espagnol et s'applique à tous les terrains d'alluvions aurifères.

îles Sandwich, la Sonora mexicaine, envoyèrent les premiers leurs flots de mineurs; puis arrivèrent de l'Est, par les Montagnes Rocheuses, tous les jeunes Américains amis des aventures, et qui s'imaginaient que dans le nouvel Eldorado tout le monde devenait millionnaire en un jour, et que l'or se remuait à la pelle le long de tous les ravins.

Au commencement de 1848, on estimait à 15 000 habitants de race blanche la population de la Californie. A la fin de 1849, quand l'Europe tout entière, l'Amérique du Sud et la Chine elle-même eurent pris part à leur tour au grand exode, on comptait que la Californie renfermait 100 000 habitants, et pendant cinq ou six ans encore, c'est-à-dire jusqu'en 1856, la population augmenta de 50 000 habitants chaque année. En 1849, les placers de Trinity et de Mariposa furent découverts, et en 1850 ceux de Klamath et de la vallée de Scott; de sorte qu'il n'y eut bientôt plus un point dans les deux bassins du Sacramento et du San Joaquin, celui-ci n'étant en quelque sorte que le prolongement du premier vers le Sud, qui n'eût été fouillé par l'orpailleur, et presque aucun qui n'eût révélé la présence du précieux métal.

II

L'EXPLOITATION DES PLACERS

Étendue des placers. — Nombre, nationalité et rivalité des mineurs. — Ce qu'on nomme un *claim*. — Travail à la sébile et à la batée. — Le berceau, le *longtom*, la rigole. — Méthode chilienne. — Le *flume* et la méthode hydraulique. — Canaux d'alimentation. — Travaux de rivières. — Attaque des couches aurifères souterraines. — Conditions économiques et état actuel de l'exploitation des placers.

L'exploitation des placers californiens a été surtout très-florissante et très-productive de 1849 à 1852. A partir de 1853, elle a commencé à décroître ; mais elle est toujours restée en vigueur, et elle est même, aujourd'hui, entrée dans une voie toute nouvelle et féconde, ainsi qu'on le verra.

L'étendue des placers occupe, du nord au sud de la Californie, au moins 800 kilomètres de longueur, en suivant dans le nord la vallée du Sacramento et dans le sud celle du San Joaquin. Les placers du nord réapparaissent dans l'Orégon et dans la Colombie britannique, en s'étendant sur une longueur encore plus considérable, mais sont beaucoup moins riches.

La largeur moyenne des champs d'or peut être évaluée, en Californie, à 80 kilomètres, c'est-à-dire au dixième de la longueur.

Tous les placers exploités sont situés sur le versant occidental de la Sierra-Nevada, celui qui regarde l'océan Pacifique; mais l'autre versant est également riche, témoin les mines d'or de Walker-River, découvertes en 1858, et celles d'argent de Washoe en 1859, dans ce qu'on appelait alors le territoire d'Utah. Les mines de Washoe sont devenues depuis les fameuses mines de l'État de Nevada, les plus productives du globe.

Les mineurs répandus sur les placers californiens étaient, dans les premiers temps, au nombre de 100 000. En 1860, on évaluait leur chiffre total à 80 000 environ; depuis, ce chiffre a dû diminuer de moitié.

Les Chinois, patients, sobres, calmes, ingénieux, trop souvent maltraités par les Américains, ont toujours été les plus nombreux parmi les travailleurs des placers. Après eux, citons les Hispano-Américains, surtout les Mexicains et les Chiliens, très-habiles dans le lavage de l'or, mais lents, paresseux, joueurs, trop adonnés à la cigarette et se jalousant entre eux.

Viennent ensuite les Français, qui sont d'assez

bons terrassiers, s'entendent bien à la fouille des sables ; ils apportent à l'ouvrage beaucoup de gaieté et d'entrain, mais peu de méthode, de continuité et d'union. Sur ce point, on est obligé de reconnaître que les Allemands l'emportent sur eux. Restent les Américains, qui accoururent en si grand nombre aux premiers jours de l'exploitation et déployèrent là toute leur activité fébrile et leur sauvage énergie.

L'avidité, l'égoïsme, l'amour du lucre, amenèrent plus d'une fois des luttes terribles entre les mineurs, et le revolver et le *rifle* décidèrent en mainte circonstance de la possession d'un gîte convoité. L'ordre, surtout grâce à la loi de Lynch, aux comités de vigilance, ne tarda pas à se rétablir partout ; mais ces troubles sans exemple, qui marquèrent les débuts de la Californie aurifère, sont restés présents à la mémoire de tous, et un romancier américain, Bret Harte, qui fut lui-même un moment orpailleur, les a pour toujours rendus légendaires.

La loi des mines en Californie n'est ni compliquée ni vexatoire, et des plus libérales. Les règlements sont édictés par les mineurs eux-mêmes. La première occupation, la prise de possession d'un terrain, a constitué dès le premier jour le droit d'exploitation sur un placer. La concession faite aux mineurs porte le nom de *claim*. Ce nom est anglais ou plutôt vient du vieux français *claimer*, réclamer ; on peut le traduire en ce cas par *droit de possession*. On l'applique en Californie et dans tous les États miniers américains à toute portion d'un gisement métallifère quelconque dont un mineur s'est emparé, au vu et au su de tous, si elle était libre ou inexploitée. Il faut que le travail se continue dès lors sans interruption sous peine de déchéance.

Dans la plupart des comtés de Californie, chaque orpailleur a droit à 150 pieds linéaires sur un placer (le pied américain est égal à $0^{m},305$) et le travail ne doit pas chômer plus de cinq jours. Sur un filon c'est 300 pieds, le double pour celui qui l'a découvert, et le travail ne doit pas chômer plus d'un mois.

Voici, en prenant les choses à l'origine, comment on procède d'ordinaire à la prise de possession, à la reconnaissance et à l'exploitation d'un placer.

Le mineur, à la recherche d'un claim (fig. 2), arrivé à un point inoccupé et qu'il croit favorable, annonce au public par une note écrite en anglais, fixée sur un arbre ou sur un piquet en terre, qu'il va commencer son exploitation et il en indique les limites. Si aucune opposition ne se produit, il fait d'abord ce qu'il appelle un *prospect*, un examen général. Il prend pour cela en différents endroits quelques portions de la terre ou du sable à essayer.

Si le terrain est vierge, il examine d'abord la surface ; s'il a été déjà exploité, il fait un trou ou une tran-

Fig. 2. — Mineur californien, armé de ses outils, allant à la découverte d'un placer.

chée dans le sol, et prend çà et là des échantillons. Il en remplit une *corne* ou sébile. Celle-ci est de forme ovoïde, à section elliptique (fig. 3). Taillée sur une corne d'animal, elle a été façonnée à la main, après son ramollissement dans l'eau bouillante. On la connaît dans quelques républiques hispano-américaines sous le nom de *poruña*, qui n'est pas d'origine castillane et paraît provenir des Indiens. On sait que ceux-ci tiraient parti des sables aurifères de l'Amérique bien avant l'arrivée des Espagnols.

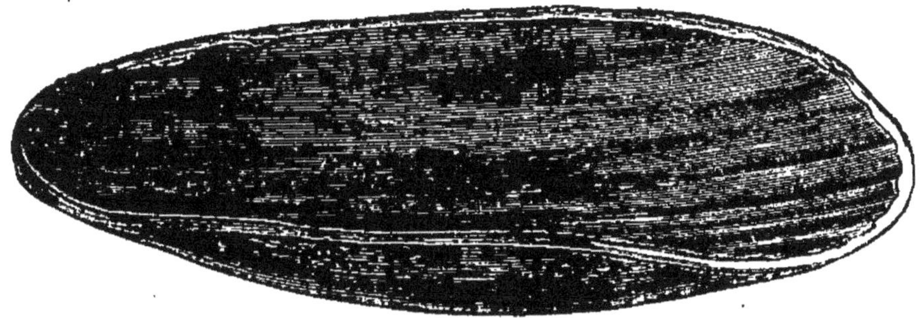

Fig. 3. — Corne ou sébile pour laver l'or.

Quand le mineur a rempli à moitié sa corne du sable ou de la terre à essayer, il la plonge dans l'eau, et il en lave le contenu en faisant exécuter à l'appareil, qu'il tient d'une seule main, un mouvement rapide de va-et-vient en divers sens. Il incline de temps en temps la corne, et l'eau entraîne peu à peu toutes les matières moins lourdes que l'or, qui reste seul au fond. Les Mexicains et les Chiliens sont les orpailleurs les plus habiles dans la manœuvre de la *poruña*.

Si l'essai, répété plusieurs fois, donne une certaine quantité de paillettes d'or visibles à l'œil nu, le lieu est réputé bon et le mineur *marque son claim*, c'est-à-dire en fixe sur le terrain, par des piquets bien apparents, les limites réglementaires, autant de fois 150 pieds qu'il y a de mineurs intéressés. Si l'essai est négatif, si, pour employer le terme en usage, la terre *ne paye pas*, le mineur choisit un endroit plus propice, ou bien il procède à une autre expérience et il emploie cette fois la *batée*[1].

La batée, appelée aussi *pan* par les Américains et *plat* par les Français, deux mots dont la signification correspond à celle du mot espagnol *batea*, est un vaste plat ou plutôt une façon de cuvette en fer battu, en fer-blanc ou en bois. En fer battu ou en fer-blanc, elle est de forme tronconique très-évasée, comme le plat de nos ménagères à faire frire les œufs : c'est la batée moderne, la vraie batée californienne. En bois, elle est en forme de calotte hémisphérique, et faite d'une seule pièce, à la main ou au tour, dans un tronc d'arbre : telle est la batée mexicaine ou chilienne (fig. 4). Les formes, les dimensions en sont à très-peu près identiques ; la batée mexicaine est cependant beaucoup plus évasée, et, si l'on peut ainsi parler, plus élégante.

On a peu à peu renoncé à la batée de fer-blanc sur tous les placers de Californie, bien qu'avec une

[1] On peut écrire aussi *battée*.

batée ainsi faite on distingue l'or plus facilement au fond du plat; mais l'usage est venu de laver les sables au mercure sur la plupart des placers, et le mercure, qui dissout l'or comme l'eau le sel ou le sucre, et le restitue ensuite par la distillation, dissoudrait aussi l'étain du fer-blanc de la batée ; c'est pourquoi on a presque exclusivement adopté la batée en fer battu. Mais pourquoi employer le mercure? Parce que l'or est si ténu, si *fin* quelquefois, qu'il surnage pendant l'opération du lavage, ou bien l'état microscopique du métal en permet l'entraînement avec les sables et les terres stériles; le mercure pare à ces deux inconvénients en dissolvant l'or partout où il le trouve[1].

Les batées en bois ont l'avantage de se tenir sur l'eau et, sous ce rapport, sont préférables à celles en fer. Celles-ci ont de 30 à 35 centimètres de diamètre au fond, et de 35 à 45 à la partie supérieure; la profondeur est généralement de 8 centimètres. Quant aux batées en bois, le diamètre supérieur y est de 55 à 60 centimètres et la profondeur de 10.

Quel que soit l'appareil avec lequel il opère, le mineur le remplit à moitié de la terre et du sable

[1] Le mercure, on le verra, est devenu indispensable à l'exploitation de l'or, et par une espèce d'harmonie préétablie, comme aurait dit Leibnitz, les plus riches mines de mercure du monde sont précisément en Californie, à New-Almaden. Le mercure est aussi nécessaire à la métallurgie de l'or et de l'argent que la houille à celle des autres métaux.

dont il veut reconnaître la richesse, et il plonge le tout dans l'eau. Alors il exécute rapidement, en tenant la batée des deux mains, une série de mouvements oscillatoires à droite et à gauche, en avant et en arrière, et quelquefois fait tourner la batée dans l'eau sur elle-même autour de son axe vertical, puis il incline l'appareil. L'eau entraîne peu à peu

Fig. 4. — Batée ou plat de bois à laver l'or.

toutes les matières légères, d'abord celles qui restent en suspension, terres ou argiles, puis celles un peu plus lourdes, débris de pierres, petits cailloux, grains de quartz ou silex, morceaux de roches désagrégées. Toutes ces matières stériles ne tardent pas à occuper seules la partie supérieure du dépôt au fond de la batée. En inclinant doucement l'appareil, elles s'échappent avec l'eau, et si l'on poursuit l'opération, il ne reste bientôt plus que les matières les plus lourdes ainsi disposées de haut en bas : gros grains de quartz, blancs, laiteux ou rosés; oxyde de fer, noir, brillant, magnétique, c'est-à-dire attirable à l'aimant, paillettes d'or reconnaissables à la couleur, à l'éclat, et quelquefois enfin paillettes de platine, d'un blanc argentin un peu mat. On sépare avec la main les grains pierreux; l'oxyde de fer, s'il est abondant, s'enlève avec le barreau aimanté, le platine avec les doigts, et bientôt les paillettes, les plaquettes, les aiguilles et la poudre d'or apparaissent parfaitement isolées. Quand il n'y en a qu'une très-petite quantité, on dit que la terre essayée *montre la couleur;* mais quand le nombre des paillettes est appréciable, on dit que la terre *paye bien* ou qu'on a fait un *bon prospect.*

Dans les premiers temps de l'exploitation des placers, un homme seul, aidé de la batée, suffisait au travail, avec des terres très-riches comme on en rencontrait alors. Depuis, ce n'a été que dans des cas très-rares, par exemple pour des terres vierges et exceptionnellement très-productives, que le mineur a travaillé isolément, et que la batée a été employée seule. Le lavage continu à la batée est du reste très-fatigant, par suite de la position accroupie que doit occuper le laveur, et du jeu répété, continu des muscles du bras. Un bon mineur chilien qui, dès son enfance, a appris le métier de laveur d'or, où il excelle, où il est véritablement artiste, ne peut laver dans sa journée, en occupant utilement tous ses instants, plus de 125 batées ; les autres mineurs, même les Mexicains, les plus habiles orpailleurs après les Chiliens, ne peuvent guère en laver plus de 80 à 100. Il a donc fallu songer dès le principe à des appareils perfectionnés, et alors s'est présenté en premier lieu le *rocker* ou berceau, qui est, selon les uns, d'importation chinoise, tel au moins qu'il s'emploie en Californie, et selon les autres viendrait de l'État de Géorgie, comme il a été dit précédemment.

Les matières à laver, désagrégées, fouillées au pic et à la pelle, chargées dans un seau, sont portées au *rocker*. Auparavant on a dû aviser au moyen de recueillir une certaine quantité d'eau, si l'eau ne coule pas naturellement à la surface.

Le *rocker*, appelé aussi en Anglais *cradle*, est devenu le compagnon inséparable de tout mineur californien. Il se compose de trois parties distinctes et mobiles : le crible ou la grille, le tablier ou plan incliné, et la boîte ou corps du berceau. Le crible forme la partie supérieure; au-dessous vient le tablier. Celui-ci est superposé au fond du berceau, qui forme le troisième plan, et qui, par son prolongement, dépasse le crible et le tablier d'une longueur égale à la leur (fig. 5). Ce fond a de $0^m,90$ à $1^m,20$ de long, et $0^m,28$ à $0^m,45$ dans sa plus grande largeur vers l'extrémité postérieure. La hauteur totale de la boîte est de $0^m,15$ à $0^m,22$.

Les parois latérales du berceau et une petite tringle en bois, reliant par le milieu les deux longs côtés de la boîte, maintiennent dans une position invariable le crible et le tablier. Enfin le berceau est non-seulement ouvert dans le haut, mais aussi sur le devant, ce qui permet la libre sortie de l'eau et des sables stériles.

Le fond du crible est une simple feuille de tôle de fer, percée de trous, horizontale. Le tablier est formé d'une toile grossière, clouée sur un châssis de bois ; il est assez fortement incliné.

Le corps et le fond du berceau sont en bois. Le fond, généralement incliné en sens contraire du tablier, est muni sur le côté extérieur, celui qui appuie sur le sol, de deux patins, pour permettre l'oscillation du berceau. A cet effet, le berceau appuie sur un mince châssis rectangulaire en bois, que l'on étend par terre, et les patins oscillent chacun sur l'un des petits côtés du châssis. Ces patins ont la forme de ceux des berceaux d'enfants, et pour en faciliter le mouvement, ils sont revêtus sur la partie recourbée, celle qui s'applique sur le châssis, d'une mince feuille de tôle.

Les terres et les sables à laver sont jetés sur le crible. Quand il y en a une certaine quantité, le laveur, assis latéralement sur un bloc de rocher ou sur un petit banc, saisit d'une main le berceau par un manche vertical adhérent au crible. De l'autre main, il tient un vase de zinc à prendre l'eau. Il arrose peu à peu les terres et les sables, et imprime à tout l'appareil le balancement convenable. Après un certain nombre de lavages et d'oscillations, ce

Fig. 5. — Mineurs chinois de Californie lavant les sables au *rocker*.

qui reste sur le crible, cailloux roulés, débris pierreux, est rejeté, non sans examen. L'or se retrouve avec les matières lourdes, métalliques, les grains siliceux, les paillettes de platine, le fer oxydulé, sur le tablier et aussi sur le fond du berceau, à l'arrière. A l'avant, ce ne sont guère que des sables et des terres presque stériles, dont l'eau a dû entraîner la plus grande partie. Une barre transversale, ménagée sur le milieu du fond du berceau et une autre à l'extrémité antérieure ont retenu ces terres et l'or plus lourd avec elles. On enlève avec une *raclette* ou cuiller en fer les sables enrichis, et l'on achève l'opération en les lavant à la batée pour en séparer l'or.

Le berceau n'est, en définitive, comme on peut le voir, qu'une ingénieuse combinaison du crible et de la table à secousses en usage dans la préparation ou enrichissement mécanique des minerais métallifères.

La pratique du berceau, quoique moins difficile et délicate que celle de la corne et de la batée, exige une certaine habitude. Les Chinois sont les plus habiles et les plus patients laveurs en ce genre. Ils se contentent du plus modique bénéfice, et on les rencontre encore l'été, en Californie, sur des placers presque partout épuisés, sur des ravins presque entièrement desséchés, lavant et relavant auprès d'une mare d'eau stagnante des sables que tous les autres orpailleurs dédaignent. A l'abri d'un soleil tropical sous leur vaste chapeau de paille de forme traditionnelle, ils bravent courageusement les ardeurs d'une température caniculaire, dont la Syrie et le

Sénégal offrent seuls des exemples. Ils traînent quelquefois avec eux un amas de branchages pour en obtenir un peu d'ombre, et là, assis du matin au soir près de leur berceau, ce n'est que par le bruit monotone et régulier de l'appareil qu'ils décèlent leur présence aux rares passants qui traversent le ravin à l'endroit désert qu'ils ont choisi.

Essayons de calculer à quelle limite, à quel titre en or des sables peut s'arrêter le lavage au berceau.

Deux mineurs, dont l'un fouille et porte les terres et l'autre manœuvre le berceau, peuvent traiter 300 seaux de terre par jour. Un seau cube environ 12 litres et contient 15k,60 à 16k,20 de terres, le poids moyen de ces terres désagrégées étant de 1300 à 1350 kilogrammes le mètre cube. Il en résulte que deux hommes travaillant au berceau peuvent traiter à peu près 4800 kilogrammes de terres par jour.

On estime, dans la plupart des cas, que le minimum d'or que doit donner un seau est d'un *cent* (centième du dollar), ou un de nos sous [1]. Avec ce chiffre, on trouve 1 dollar et demi ou 7 fr. 50 pour le bénéfice réalisé par chaque mineur dans sa journée, et seulement 1 dollar ou 5 francs, s'ils sont trois, l'un pour la fouille, l'autre pour le transport, le troisième pour le lavage. Cette richesse en

[1] Le dollar américain vaut 5 fr. 30 c. au pair; nous ne le compterons que de 5 francs.

or d'un cent par seau d'une contenance moyenne de 16 kilogrammes de terres, porte la richesse minimum des terres à laver au berceau à 3 francs à peu près par tonne de 1000 kilogrammes, soit une richessé en or de : $\frac{1}{1\,000\,000}$, en comptant le gramme d'or à 3 francs, prix de l'or monnayé; mais la poudre d'or n'est jamais pure, et ne s'achète en Californie qu'au prix moyen de 2 fr. 70 le gramme.

Le lavage au berceau est essentiellement limité et lent. Pour laver rapidement une grande quantité de terres à la fois, on emploie volontiers le *longtom*, sorte de caisse à grille importée, comme le berceau, par les orpailleurs georgiens. Elle se compose d'un bout de canal en bois dans lequel arrive un courant d'eau, plus d'un deuxième canal venant à la suite du premier et qui s'élargit considérablement à l'extrémité inférieure. Là, le fond est muni d'une grille laissant passer l'eau et les sables. Ceux-ci tombent dans une sorte de caisse inclinée, où deux traverses, l'une au milieu, l'autre à l'avant, retiennent les matières les plus lourdes et l'or avec elles.

On charge à la pelle les terres à laver dans le premier canal, et on les agite dans le second. sur le *tom*. Le reste s'achève comme pour le berceau; mais le *longtom* fait deux fois plus de travail, c'est-à-dire que deux hommes peuvent facilement y traiter de 9000 à 10 000 kilogrammes de terres par jour, et par conséquent laver des terres qui ne renferment plus que 1 fr. 50 d'or par tonne.

Le tom a 3m,60 de long, environ 0m,20 à 0m,22 de profondeur, et 0m,35 à 0m,60 de large à l'extrémité postérieure. Cette dernière dimension augmente insensiblement jusqu'au double vers le milieu du tom, et de là les deux côtés restent parallèles jusqu'à l'extrémité inférieure. Celle-ci se relève un peu pour empêcher l'eau de s'écouler autrement que par le fond. Quant au bout de canal en avant du tom, il a la même largeur et la même profondeur que celui-ci au point où il s'embranche avec lui, et il se compose d'un ou deux couloirs en bois, ajoutés bout à bout, et qui ont chacun une longueur de 0m,60 ou 2 pieds américains.

Après le longtom vient la rigole ou *sluice* (prononcez *slouce*). C'est un long couloir de bois de faibles dimensions en largeur et en profondeur : environ 0m,30. Il est légèrement incliné, formé de pièces ajoutées bout à bout, et l'eau court sur toute la longueur (fig. 6). A la tête de la rigole on jette à la pelle les terres à laver : elles sont entraînées par l'eau, et la majeure partie de l'or est retenue par des obstacles mis en travers du parcours, par exemple des tringles de bois disposées en treillis. On fait aussi très-souvent usage de godets transversaux pleins de mercure, établis à demeure, et quelquefois aussi du mercure libre, qui accompagne les sables à leur descente et dissout l'or dans le trajet.

Fig. 6. — Lavage des sables à la rigole ou *sluice*.

La cueillette du métal ne se fait qu'après plusieurs jours, et l'on a vu des rôdeurs de nuit voler les produits d'une récolte laborieusement préparée.

Le travail à la rigole a lieu souvent sur une très-grande échelle et par compagnies de dix, vingt et même jusqu'à trente mineurs à la fois. Les uns, les terrassiers, armés du pic, préparent les terres pour la fouille; les autres, les chargeurs, les jettent à la pelle dans la rigole; d'autres enfin, les laveurs, les remuent avec la fourche aux dents de fer.

Sur les ravins et les ruisseaux, on travaille au berceau l'été, pendant tout le temps de la sécheresse, et à la rigole durant les premières pluies. Sur les plateaux arides, on fait usage de la rigole toute l'année; mais alors l'eau est amenée par des canaux construits exprès.

Une méthode particulière de lavage est la méthode chilienne, laquelle a été importée par les mineurs du Chili, qui la mettent journellement en œuvre dans leur pays. Dans cette manière d'opérer, on amène les eaux par un petit canal de bois au-dessus d'une couche aurifère qui gît à une faible profondeur sous le sol (fig. 7). On pratique une section transversale jusqu'à cette couche, et on déblaye le terrain en avant de manière à ménager une différence de niveau. Pendant que les eaux s'écoulent en cascade, on fait ébouler les terres et on les remue et les lave avec le pic et la pelle. L'eau entraîne les matières les plus légères et l'or reste avec une partie des sables dans les interstices des bancs de rochers, ou bien il est retenu par les grosses pierres que l'eau n'entraîne pas. On achève l'opération généralement à la batée. Un homme peut travaillller seul avec ce système plus utilement qu'avec le berceau et faire beaucoup d'ouvrage; mais il faut alors disposer d'un petit plateau ou talus aurifère au voisinage d'un cours d'eau. On détourne un filet d'eau du ruisseau ou d'une source voisine, et on lui ménage un écoulement par une petite rigole ouverte à la surface, et qui vient déboucher au point où travaille le mineur.

Le *sluice* agrandi porte le nom de *flume :* c'est un canal en bois de grande dimension, qui a jusqu'à 1 mètre de large. L'eau y est souvent amenée de fort loin, et la récolte de l'or ne s'y fait quelquefois qu'après plusieurs semaines de lavages continus.

Avec ce système se combine généralement l'attaque des terres par la méthode qu'on nomme *hydraulique.* Elle a été inventée en 1852 par un mineur venu de l'État de Connecticut, et a été portée peu à peu à un degré d'audace et de perfection dont on ne saurait se faire une idée exacte qu'après l'avoir vu mettre en pratique sur le terrain. Il suffira de dire qu'elle consiste essentiellement à saper une colline, un plateau d'alluvions par la base, au moyen de forts jets d'eau projetés par un tuyau flexible. Celui-ci rappelait dans le début la lance des pompes à incendie, ou les manches d'arrosage usitées dans nos promenades et nos jardins publics. Depuis, sous le nom de *monitor*, il a été fait en acier et lance des jets tellement formidables

Fig. 7. — Lavage des sables par la méthode chilienne

qu'on peut les comparer à de véritables coups de massue (fig. 8).

Le jet que dirige le mineur a une force d'autant plus grande que la pression de l'eau est plus élevée. Cette pression atteint souvent plusieurs atmosphères[1]. La matière à abattre se trouve ainsi entièrement désagrégée et soumise à un premier lavage. Affouillé à la base, quelquefois entamé auparavant par la poudre, la dynamite, le terrain s'éboule avec fracas, des masses énormes se détachent tout d'une pièce, et les mineurs doivent se garer bien vite sous peine d'être atteints et ensevelis dans l'éboulement. Quand on a démoli de cette manière une notable portion de terrain, on termine l'opération en lavant les déblais au *flume*, ou grand canal. Les eaux d'attaque se rendent même directement, dans certains cas, dans un canal de fuite qui remplace le *flume*. Celui-là est creusé dans le terrain, le seuil en est pavé grossièrement, et c'est entre les interstices des dalles que s'arrête l'or. Pour mieux recueillir le métal, on use presque toujours du mercure.

Les placers qu'on attaque par la méthode hydraulique sont les placers secs ou *dry diggings*. Par cette méthode, on décuple le rendement du berceau, c'est-à-dire qu'on peut utilement attaquer des terres qui ne rendent pas plus de 0 fr. 30 c. d'or par tonne

[1] On sait que la pression d'une atmosphère est équivalente à celle d'un kilogramme par centimètre carré.

de 1000 kilogrammes, soit $\frac{1}{10\,000\,000}$. En outre, la méthode hydraulique, comme le lavage simple au canal, permet de rassembler jusqu'à cent mineurs à la fois sur le même point. Dans le principe, tous ces mineurs travaillaient en association. Aujourd'hui, beaucoup de travaux hydrauliques sont devenus tellement importants et exigent de telles avances d'argent qu'ils ne peuvent être entrepris que par des compagnies financières, lesquelles ont leur directeur et leurs ingénieurs sur les lieux et siégent à San Francisco. Ici les mineurs n'interviennent plus que comme ouvriers à gages, payés le plus souvent à la journée.

Un placer sec couvre d'ordinaire une surface considérable, et il faut plusieurs années d'exploitation pour l'épuiser. On enlève jusqu'à 20 et 30 mètres de terres en hauteur et souvent même bien au delà. Ces gîtes, déposés par d'anciens glaciers en marche ou par des rivières antédiluviennes, disparues, sont aujourd'hui les véritables placers californiens, les seuls sur lesquels on travaille réellement et avec profit ; ce sont eux qui fournissent la plus notable partie de l'or expédié par le fécond État du Pacifique à tous les autres pays du globe. L'immense quantité des sables lavés par cette méthode est rejetée dans les rivières et les cours d'eau avoisinants, d'où elle se rend dans les voies navigables qu'elle menace d'obstruer.

Fig. 8. — Lavage des sables par la méthode hydraulique.

Le lavage à la rigole et au canal n'est au demeurant qu'une imitation du lavage naturel des sables aurifères dans les cours d'eau qui les entraînent. Une pierre, un obstacle interposé, le fond non raboté du couloir, s'il est en bois, les interstices du seuil du canal, s'il est formé de dalles simplement rapprochées, tout agit de même façon que le lit naturel des cours d'eau pour retenir les matières lourdes en mouvement. Le plus grand soin du laveur doit donc être de régler la pente et le volume de l'eau suivant la quantité des sables et des graviers à laver, la grosseur de ceux-ci, ainsi que le volume et la forme des paillettes d'or à recueillir. Cela est surtout important quand on n'emploie pas le mercure dans le lavage; mais aucune formule ne peut s'établir, et c'est seulement par l'habitude que le mineur arrive peu à peu à régler l'ouverture de sa vanne et l'inclinaison de son canal. Celle-ci est moyennement d'un vingtième, ou de 5 mètres pour 100 mètres.

L'or recueilli se présente d'ordinaire en paillettes ou en pépites (de l'espagnol *pepita*, pepin, petit noyau). A partir de la grosseur d'un pois, on a une pépite, et les paillettes, plaquettes, aiguilles, poussières, portent collectivement le nom de poudre d'or. Les pépites sont à surfaces arrondies, usées par l'entraînement de l'eau. Elles affectent des formes bizarres, originales, on dirait qu'elles ont été fondues, mâchées. Le métal n'est jamais brillant, mais toujours un peu terne.

L'eau nécessaire au lavage est amenée sur tous les placers secs, quel que soit le système d'exploitation que l'on suive, par des canaux dont la prise est parfois à plus de 100 kilomètres du point d'arrivée. Les canaux, quand ils ont cette importance, distribuent l'eau sur leur parcours à un grand nombre de compagnies minières, et l'eau s'achète ainsi sur les placers comme dans les villes. Le prix moyen est de 25 *cents* par jour et par pouce d'eau, mesure californienne qui correspond à 36 litres par minute. Quelques-unes des sociétés hydrauliques instituées pour l'établissement et l'exploitation de ces canaux ont fait et font encore de très-grands bénéfices. Tous les jours de nouveaux placers secs, des lits ou bancs de graviers, d'argile bleue, comme on les appelle, sont découverts, attaqués par le mineur, et de nouveaux canaux s'établissent pour aider à la mise en valeur de ces gîtes.

La longueur totale de tous ces canaux avec leurs embranchements atteint le développement incroyable de 10 000 kilomètres, de quoi faire une ceinture au quart de la circonférence du globe!

Les canaux amènent partout l'eau nécessaire non-seulement aux placers secs, mais encore aux mines de quartz aurifères, dont il sera parlé plus tard. D'une longueur moyenne de 40 à 50 kilomètres, il y en a qui dépassent 100, 150 et même 200 et 300 kilomètres, y compris, bien entendu, tous leurs embranchements. Ils ont leur prise sur des cours d'eau, et quelquefois sur d'immenses barrages, derrière lesquels on amasse l'eau des pluies, si abondantes pendant l'hiver. Souvent deux lignes rivales de canaux suivent une même direction, sans autre différence que celle du niveau. Les travaux les plus gigantesques; des ponts suspendus surprenants de hardiesse, des siphons en métal d'une grande portée, des aqueducs en bois soutenus en l'air à des hauteurs qui atteignent parfois 60 et 80 mètres et d'un développement en longueur souvent considérable, jusqu'à plusieurs kilomètres, tout cela s'est fait dès le début et se fait encore, rapidement, sans démarches inutiles, sans enquêtes administratives, par la seule volonté, par la seule énergie des mineurs et des compagnies exploitantes.

Dans le principe, les bras et l'argent des travailleurs ont seuls accompli cette grande entreprise, la plus remarquable peut-être dont aucun pays ait jamais été témoin, et sans laquelle la majeure partie des placers de Californie n'auraient jamais pu être exploités. Depuis, les compagnies hydrauliques, les banquiers de San Francisco, ont prêté un appui fécond à ces sortes de travaux et en ont encore augmenté l'importance.

La largeur de plusieurs des canaux atteint 3^{m},50

et jusqu'à 4 mètres, la profondeur $1^{m},50$. Creusés dans le sol ou établis en planches, ils suivent une pente voulue, calculée d'avance. Les embranchements sont quelquefois peu étendus et ne méritent que le nom de rigoles.

Non content d'exploiter les placers proprement dits, le mineur californien a fouillé aussi le lit des ruisseaux et même jusqu'au lit des rivières. Dans ce cas, on détourne le cours de la rivière à l'époque des basses eaux et l'on recueille les sables du fond (fig. 9). Une pompe chinoise ou à chapelet, que fait marcher une roue pendante mue par le mouvement de l'eau, alimente les canaux de lavage.

Les Chinois travaillent sur les rivières avec un ensemble remarquable et une très-grande habileté. C'est merveille de les voir, quand on traverse un cours d'eau en Californie, au mois de septembre ou d'octobre, disséminés le long des rives sur plusieurs kilomètres de longueur. Chaque compagnie fait de son chantier une sorte de ruche travailleuse, le mouvement et la vie sont partout. Ceux-ci, disposés sur les côtés du canal de lavage, y jettent les terres que l'eau courante entraîne et agite; d'autres, montés sur les couloirs de bois du canal, lavent et relavent les sables qui se renouvellent toujours. Celui-ci fait un essai au bord de l'eau, et le bruit monotone de son berceau oscillant se mêle aux cris aigus des fils du Céleste-Empire, les *Celestials*.

Fig. 9. — Lavage des sables d'une rivière détournée.

comme les ont baptisés les Américains. Cet autre, le mécanicien et le charpentier de la bande, répare sur son établi les dégâts survenus aux roues, à la pompe, aux canaux, ou bien construit de nouveaux appareils.

Sur des rivières de faible débit, quand on a entièrement détourné le cours de l'eau dans un canal latéral, tous les travailleurs occupent l'ancien lit. Le pic et la pelle désagrégent les sables, des chèvres grossièrement installées enlèvent les blocs volumineux, et la pompe assèche complétement le terrain à exploiter. Chacun se distribue sa tâche, et travaille avec ardeur, comptant que la récolte sera bonne. Et il faut en effet qu'une large part revienne à chacun des mineurs, car les travaux de rivières sont très-dispendieux, à cause de tous les établissements préparatoires qu'ils exigent : barrages et endiguements, canal latéral, roues et pompes hydrauliques, et la série des appareils à laver. Ces travaux sont aussi très-chanceux, car l'on n'occupe pas toujours tout le fond de la rivière, et comme on ne le connaît point, on peut s'être porté du côté le plus pauvre. Au reste, bien que la richesse générale en or diminue à mesure qu'on descend, il y a, distribuées sur la même ligne de parcours, des parties riches et des parties pauvres qui n'obéissent à aucune loi, et puis tous les ruisseaux de la Californie ne sont pas forcément des

Pactoles. Enfin si les pluies d'automne arrivent intempestivement, toute la peine est perdue. Malgré tant de chances défavorables, les travaux de rivières ont donné lieu dans le principe, comme la plupart des travaux de placers, à des résultats fabuleux. Il y a eu alors des endroits où l'on a retiré d'une seule batée un nombre assez considérable de paillettes et de pépites pour atteindre la valeur de plusieurs milliers de francs, et où l'on a extrait plus de 100 000 francs d'or en une journée. Depuis, on n'a plus revu de ces chances. Les travaux de rivières ont été presque entièrement abandonnés aux Chinois, comme la plupart des placers humides, *wet diggings*, au commencement si riches, et la productivité de ces deux sortes de gîtes est allée de plus en plus diminuant.

Ce serait une erreur de croire que tous les placers sont superficiels ou gisent à une faible profondeur. Certaines alluvions aurifères sont profondément enterrées sous le sol. On y a ouvert, dès le début, de véritables travaux souterrains, des puits (fig. 10), des galeries, des tunnels; ceux-ci poursuivis sur des étendues parfois considérables. Par ce moyen, les mineurs ont bien souvent rencontré et rencontrent encore de très-riches dépôts. On citait naguère une galerie où le produit atteignit 25 000 francs par semaine durant toute une campagne. Ces résultats ont été quelquefois dépassés. Un des heureux intéressés à des opérations de ce genre a récolté en quelques années, pour sa quote-part, la somme de 3 millions de francs; mais

Fig. 10. — Puits foncé sur des alluvions souterraines.

combien de malheureux sans aucune chance, pour quelques heureux élus!

Les travaux des placers sont ceux qui donnent encore à la Californie, dans les vallées du Sacramento et du San Joaquin, un aspect si caractéristique. D'un bout à l'autre de ces deux vallées, on rencontrerait difficilement une rivière, un ruisseau, un ravin, dont le lit n'ait été plusieurs fois remué de fond en comble; une colline, un monticule ou un plateau d'alluvions, qui n'aient été entièrement remaniés. Ces bouleversements donnent au paysage quelque chose de triste, surtout quand le mineur a disparu. On dirait d'une avalanche, d'un torrent qui a remué le sol jusque dans ses entrailles, et entassé çà et là des monceaux de ruines, témoins de son brusque passage.

Les orpailleurs californiens, aujourd'hui comme autrefois, perdent dans l'année plus du tiers de leur temps à boire, à jouer, à chasser, à ne rien faire. Restent 200 à 240 jours d'occupation, sur lesquels ils retirent en moyenne 1 1/2 à 2 dollars d'or par journée, et les Chinois de 1 à 1 1/2. Il en était à peu près ainsi au commencement, et cela pourra surprendre; mais les chances de bénéfices fabuleux, de trouvailles miraculeuses, étaient alors bien moins rares. La richesse des placers est demeurée à peu près la même en quelques endroits, et cela tient à des conditions et à des phénomènes topographiques particuliers, ou à ce que les sables appauvris sont lavés avec un soin toujours plus grand. En d'autres points, la contenance en or des terres a de plus en plus diminué, et celles-ci ont été de plus en plus abandonnées aux seuls Chinois, regardés partout bien injustement comme des parias. Aujourd'hui c'est surtout sur les placers secs, *dry diggings*, les lits de gravier et d'argile bleue, que s'est concentrée l'attention des mineurs, et ces placers sont véritablement devenus les vrais placers californiens. Les Américains qui, après les débuts fiévreux de la recherche de l'or, avaient abandonné les alluvions pour les mines de quartz aurifère, ont peu à peu reporté leurs capitaux et leur énergie sur les placers secs, à mesure qu'ils les ont mieux connus, mieux sondés et attaqués, et dès lors ils les ont exploités avec cette audace, cette patience que nous avons tantôt signalée, et dont ils ont donné tant d'autres preuves dans la colonisation de leur immense empire.

III

LES MINES DE QUARTZ ET LES MOULINS D'AMALGAMATION

Relief général de la Californie. — Différence entre les placers et les mines de quartz. — Chantiers intérieurs. — Extraction, triage, cassage et transport du minerai. — Appareils de broyage et d'amalgamation. — Distillation de l'amalgame et fonte du lingot. — Traitement des sulfures aurifères.

Deux chaînes de montagnes traversent la Californie, dont l'une, parallèle à la ligne du rivage, court du nord-ouest au sud-est; elle porte le nom de *Coast-Range* ou chaîne de la Côte, que lui ont donné les Américains. L'autre, située plus avant dans les terres, est surtout développée dans le nord de l'État où elle se dirige du nord au sud; l'axe y incline ensuite du nord-ouest au sud-est, comme celui de la chaine littorale : c'est la *Sierra-Nevada*, qui a gardé son nom mexicain, et limite à l'ouest l'État de Californie. Le noyau de cette chaîne est essentiellement composé de roches granitiques, mais le massif des contre-forts qui s'en détachent est plutôt formé de schistes et d'ardoises.

C'est entre la Sierra-Nevada et la chaîne de la Côte que sont les vallées du Sacramento et du San Joaquin, fleuves qui viennent tous les deux se jeter presque au même point dans la baie de Suisun, laquelle communique avec celles de San Pablo et de San Francisco, les trois baies n'en formant, pour ainsi dire, qu'une seule. Les vallées latérales, celles que sillonnent les affluents du Sacramento et du San Joaquin, sont plus aurifères que les deux vallées principales, et ce sont les sables, les graviers et les terres déposées au niveau de ces vallées latérales, comme dans le lit des ruisseaux ou des ravins adjacents, ainsi qu'aux flancs des vallées et même sur les plateaux limitrophes, qui constituent ce qu'on nomme spécialement les placers ou terrains d'alluvions aurifères.

Il ne faut pas confondre ces placers, dont il a été déjà parlé, avec les mines d'or proprement dites. Ici le précieux métal et le terrain dans lequel il est encaissé se trouvent toujours à la place même où, géologiquement, ils ont été formés ; là, au contraire, l'or et les matières qui le contiennent ont été transportés, roulés, soit par des cours d'eau, des torrents encore existants ou antédiluviens, soit par des glaciers entièrement disparus.

Les terrains schisteux et ardoisiers qui se détachent du massif de la Sierra-Nevada sont traversés en différents endroits par des roches de nature éruptive, des serpentines, des diorites, des porphyres verts, et c'est à l'apparition de ces roches qu'est dû non-seulement le relief définitif du sol, mais encore la formation des fissures par lesquelles, selon les uns, se sont fait jour, du dedans au dehors, les filons ou veines de quartz aurifère.

D'autres géologues prétendent que des sources ou des vapeurs alcalines, siliceuses, renfermant l'or et le quartz en dissolution, ont rempli elles-mêmes ces cavités, et que le quartz aurifère s'est ainsi déposé, par l'effet d'un double phénomène à la fois aqueux et igné. Il en est même qui vont jusqu'à assurer que les filons quartzeux sont de vrais sédiments. Quoi qu'il en soit, comme l'affleurement ou la partie des filons qui se montre au jour est souvent de beaucoup élevé au-dessus du niveau des vallées sous-jacentes, et formé de roches ferrugineuses très-altérables, c'est sans doute en partie, sinon en totalité, à la dénudation de la tête de ces filons par les eaux pluviales, torrentielles ou glaciaires, qu'est due l'existence de l'or dans les terrains d'alluvions.

En résumé, les mines de quartz aurifère sont des gîtes en place, massifs, et non plus des gîtes de transport, meubles, comme les placers; de là tout un système d'exploitation différent, et alors que quelques mineurs, aidés de leurs simples outils et de rustiques appareils de lavage, suffisaient au début pour attaquer chaque placer, sur les mines de quartz il a tout de suite fallu de grands capitaux et une administration complexe, en un mot l'association de l'argent et de la science, tout ce qui distingue une compagnie industrielle.

Le travail, sur les mines de quartz, comprend deux opérations bien distinctes : l'une, toute mécanique, c'est l'extraction et le triage du minerai; l'autre, à la fois mécanique et chimique, c'est le broyage et l'amalgamation. Entre ces deux opérations vient se placer le transport du minerai à la surface, par lequel se relie, pour ainsi dire, le premier travail au second.

Commencée dès 1851, l'exploitation des mines de quartz a suivi une période ascendante jusqu'à 1868, époque où elle était devenue l'une des industries principales de la Californie, et l'emportait depuis dix ans sur l'exploitation des placers ; mais vers ce moment, l'attaque hardie des placers secs par la méthode hydraulique perfectionnée vint à son tour prendre le pas dans la production aurifère. Celle-ci a d'ailleurs diminué des deux tiers depuis 1851, et de 300 millions de francs par année est descendue au-dessous de 100 ; c'est là le cours naturel des choses dans la recherche et la mise en valeur des gisements d'or.

L'extraction du minerai de quartz n'offre rien de particulier, et les veines aurifères s'exploitent par les méthodes connues pour l'attaque des filons métallifères.

Dans le fonçage, le creusement des puits ou des galeries, l'installation des chantiers d'abatage, des échelles et autres appareils de descente souterraine, des machines d'extraction ou d'épuisement, dans l'établissement des voies de transport intérieures et extérieures, enfin dans toutes les dispositions prises pour l'éclairage, la ventilation, le remblai et le soutènement des travaux, toutes les règles de l'art des mines sont d'ordinaire strictement observées. Sur ce point la Californie n'a rien à envier aux autres contrées métallifères, et dès le premier jour a pris brillamment sa place.

L'attaque de la roche est généralement confiée à des mineurs anglais, connus sous le nom de *Cornishmen*, parce que la plupart sont venus de la Cornouaille, cette province de l'Angleterre renommée de temps immémorial pour ses mines de cuivre et d'étain.

Les *Cornishmen* n'ont pas d'égaux pour tirer une mine; ils luttent corps à corps, si l'on peut ainsi parler, avec le quartz, ce silex cristallin, résistant, qui entame l'acier le plus dur et en dégage des étincelles. Dans la roche la plus compacte, ces mineurs tirent jusqu'à six coups de mine à deux hommes, dans leur journée, et émoussent dans le même temps de vingt à trente fleurets.

Ces fleurets sont en acier, et la pointe en est fortement trempée. Un des mineurs, accroupi, tient le fleuret des deux mains, pendant que l'autre, généralement debout et armé d'un lourd marteau, frappe à tour de bras sur la tête du fleuret, comme le forgeron sur l'enclume. Le premier mineur fait tourner chaque fois le fleuret sur lui-même dans le trou, puis, quand on a atteint la profondeur suffisante, le coup de mine est chargé et tiré.

Quelquefois le travail se fait à trois hommes, l'un tenant le fleuret, les deux autres frappant à tour de rôle sur la tête de l'outil (fig. 11).

Depuis quelques années, on a, dans nombre de cas, remplacé la poudre ordinaire par des matières explosibles bien plus puissantes, la dynamite, la poudre géante, la poudre de Vulcain; mais elles ont occasionné beaucoup d'accidents, et l'on y a renoncé en quelques endroits.

Les frappeurs sont d'ordinaire des Irlandais ou des Français; ils gagnent de 2 à 3 dollars par jour, quand l'homme au fleuret en gagne 4. Le travail est plus rémunérateur que sur les placers, mais on y a moins d'indépendance.

Les Hispano-Américains travaillent à part. Ils se reposent après chaque coup de marteau, roulent et fument une cigarette après chaque coup de mine.

Fig. 11. — Mineurs anglais de la Cornouaille fonçant un puits sur une mine de quartz aurifère en Californie.

A la fin de la journée, ils ont fait la moitié ou le tiers de l'ouvrage des autres, et ne gagnent que 1 à 2 dollars. Il a suffi pour eux d'assurer la *comida*, le dîner. Si, contre toute attente, le gain dépasse leurs prévisions, alors ils chôment et se livrent par compagnies entières à une sieste orientale de plusieurs jours. Le besoin de manger les ramène seul au travail.

Dans toutes les mines, le filon est découpé en gradins, droits ou renversés, que l'on abat successivement, en comblant les vides par des remblais. Sur les gradins, les mineurs travaillent le plus souvent seuls, tenant d'une main la masse, de l'autre le fleuret (fig. 12).

L'extraction du minerai au dehors s'opère dans des wagonets, soit par une galerie qui débouche à la surface (fig. 12), soit par un des puits de la mine. Dans ce dernier cas, un manége mis en mouvement par des chevaux ou une machine à vapeur, est installé à l'orifice du puits.

Le minerai, amené au jour, est trié. Il a déjà subi dans la mine une première préparation, et toute la portion stérile, laissée dans les chantiers, a servi à remblayer les excavations.

Le triage est une opération très-délicate, qui exige un ouvrier bien exercé. L'or n'est pas toujours visible dans le quartz, et ce n'est souvent que par l'aspect de la roche, par certains indices particuliers, que le trieur juge du plus ou moins de richesse des échantillons qu'il a sous les yeux. Il casse tous les

Fig. 12. — Travail en gradins renversés sur un filon de quartz aurifère.

gros morceaux avec son marteau, pour amener le quartz au degré de grosseur voulue et les examine avec soin.

Quand l'or est visible à l'œil nu, le métal se présente en minces lamelles, en filaments déliés, en petits cristaux. Ceux-ci sont parfois accumulés dans des nids ou *géodes*, et l'or s'y trahit par son éclat et sa couleur.

Il n'est pas rare de rencontrer dans le filon des *poches* intérieures, ou l'or s'est accumulé. Une semblable découverte peut enrichir tout à coup l'exploitant, comme celle d'une grosse pépite fait la fortune du laveur des placers.

Le minerai extrait, cassé et trié, est mis en sacs et pesé, et de là transporté à l'usine d'amalgamation. Le transport s'opère quelquefois par des couloirs, des plans inclinés, sortes de montagnes russes où le minerai descend de lui-même par son propre poids, ou encore par des petits chemins de fer établis pour cela. Ailleurs, ce sont de longues charrettes, attelées de plusieurs paires de bœufs, qui amènent le minerai à l'usine, par plusieurs tonnes à la fois. Ces charrettes sont conduites par des Américains, les plus habiles automédons de la Californie.

C'est par le broyage et l'amalgamation, ou dissolution dans le mercure, que s'opère le traitement des minerais d'or quartzeux. La Californie est sans contredit le pays où ce genre de travail est le plus avancé, celui où il a fait les plus grands et les plus sérieux progrès.

Le traitement s'exécute dans une usine spéciale, qui porte le nom de moulin, parce que le quartz y est broyé à un état de ténuité extrême et qu'une partie des appareils qu'on y emploie rappellent, par leur forme et le mouvement dont ils sont animés, les meules des moulins à farine. Le quartz subit d'abord une première trituration. On le jette sous des pilons verticaux en fonte de fer ou en acier, dont quelques-uns sont de systèmes particuliers, dus à des inventeurs californiens; mais le pilon traditionnel ou bocard vient des mines allemandes, où il paraît avoir été en usage dès le moyen âge. D'autres fois c'est sous des meules horizontales en pierres dures, en granit ou en porphyre, ou bien en fonte ou en acier, que le broiement a lieu. Moins compliqués étaient les appareils dont firent usage les premiers mineurs mexicains, et dont les Hispano-Américains se servent encore sur quelques mines. Un gros bloc de granit est attaché à l'extrémité d'un levier, qu'un homme manœuvre à l'autre bout. Le bloc frappe sur une dalle, un quartier de rocher, sur lequel est étendu le minerai, écrase et pulvérise le quartz (fig. 13).

Tous les engins d'une usine de broyage sont mis en mouvement par des machines hydrauliques ou à vapeur, ou par des bêtes attelées. Ils broient le quartz à un degré de finesse tel qu'il devient presque impalpable. Sous les pilons verticaux ordinaires, pesant avec la flèche ou montant 500 kilogrammes, on broie d'une demie à une tonne par jour, et la force consommée par chaque pilon est comprise entre un demi et un cheval-vapeur; mais on a fait des pilons qui

Fig. 13. — Cassage et broyage du minerai de quartz aurifère par le vieux procédé mexicain

pèsent le double et font le double de travail. L'ensemble des pilons forme ce qu'on nomme une batterie, et fait un affreux vacarme, qui ne cesse de jour ni de nuit et s'entend à un mille à la ronde.

Ainsi broyé, le quartz, entraîné par une eau courante, passe aux appareils d'amalgamation. Il a déjà subi, dans plusieurs cas, un premier contact avec le mercure dans les appareils de broyage.

Les mécanismes divers employés pour l'amalgamation sont les plaques de cuivre amalgamé, les cuves hongroises, les moulins chiliens, l'aratra mexicaine, les rouleaux russes ou sibériens, le tonneau allemand, etc.

Les plaques de cuivre amalgamé, d'invention californienne, suivent immédiatement les pilons. Par le mercure en excès qu'elles renferment, elles retiennent l'or qui passe sur elles avec les sables.

Les cuves hongroises, empruntées aux mines d'or de la Hongrie, sont essentiellement composées d'une cuve gisante renfermant du mercure, et d'une cuve tournante, par où entrent les sables avec l'eau.

Dans les moulins chiliens, la meule tournante est verticale, souvent double, et les sables subissent une nouvelle trituration dans l'auge où tourne la meule.

L'arastra mexicaine se compose d'un arbre vertical tournant, qui traine avec lui quatre grosses pierres dures, plates par la base, enchaînées à l'arbre. Sous sa forme la plus élémentaire, l'arastra n'est formée que d'une pierre roulante, que mène une mule ou un bidet et qui tourne dans une auge en plein air (fig. 14).

Les rouleaux russes ou sibériens sont des rateaux de fer qui oscillent dans une auge hémisphé-

Fig. 14. — L'arasta mexicaine primitive pour l'amalgamation du quartz aurifère.

rique et divisent le mercure et les sables; d'autres fois ce sont des cylindres pleins en bois qui font une révolution complète, et sont armés de fourchettes barbotant dans la cuve.

On a également employé en Californie le tonneau oscillant de Freyberg (Saxe), les échelles et les boîtes étagées à mercure, etc. Tous ces appareils n'ont qu'un but : mêler aussi intimement que possible les sables avec le vif-argent pour amener le contact du métal liquide sur tous les points du silex pulvérisé, de manière qu'aucune parcelle d'or n'échappe à l'amalgamation, si minime soit-elle.

Le quartz abandonne ainsi au mercure jusqu'aux deux tiers de l'or natif qu'il renferme. Le reste est en partie enlevé par des appareils de lavage particulier, comme des couvertures de laine ou des peaux de mouton, qui retiennent toutes les matières lourdes dans leurs filaments. La toison d'or des Argonautes n'est pas précisément une fable, et les placers de la Colchide furent une véritable Californie, dont Jason et ses hardis compagnons d'aventures étaient les pionniers et les colons.

Quand l'or est *gros*, c'est-à-dire à l'état de paillettes, lamelles, cristaux et filaments visibles, et que le quartz en contient de 250 à 1000 francs les 1000 kilogrammes, on commence par le lavage direct aux couvertures, au sortir des pilons, sans amalgamer, et l'on termine par les amalgamateurs ; mais quand l'or est *fin*, on procède toujours comme il a été dit en commençant.

L'opération s'achève en soumettant tous les résidus à de nouveaux appareils d'amalgamation analogues aux précédents ou perfectionnés, tels que les meules à percussion ou la battée rotatoire. Tous ces nouveaux appareils fonctionnent généralement sans nouvelle addition de mercure, la quantité de ce métal que les résidus ont entraînée étant plus que suffisante. Cependant, quand on reprend comme aujourd'hui les résidus des anciennes exploitations, pour en retirer l'or qui a échappé à un premier traitement hâtif et moins avancé, on amalgame de nouveau.

La dissolution d'or obtenue dans toutes ces opérations est transformée en une boule solide, en faisant passer le mercure en excès à travers une peau de chamois, qu'on serre et que l'on comprime avec la main. La combinaison de l'or avec le mercure forme ainsi un corps résistant d'un blanc d'étain, l'amalgame, qui contient à peu près deux tiers de mercure pour un tiers d'or.

On le distille dans une cornue en fer, que l'on porte au feu. Le mercure s'évapore par le col de la cornue et un gâteau d'or reste dans la panse. On fond celui-ci dans un creuset, on le raffine avec du borax et on le coule en lingots. Ces lingots, essayés et titrés, sont ceux que l'on exporte au dehors. Presque tout l'or de la Californie est ainsi envoyé à New-York et en Europe. Londres et Paris sont les deux principales places qui le reçoivent.

La poudre d'or, recueillie par les ouvriers des

placers, leur sert à payer leurs fournisseurs. De là elle va chez les banquiers et les affineurs, et ne sort guère elle-même du pays qu'à l'état de lingots. On la reçoit en Californie au taux de 17 dollars l'once américaine de 31 grammes, soit à peu près 2 fr. 70 le gramme. C'est de l'or au titre de 800 ou 825 millièmes de fin, comme celui des mines, fondu et raffiné. Les 175 ou 200 millièmes d'alliage sont presque entièrement composés d'argent, puis d'un peu de cuivre, de fer, de quartz. Le titre de l'or californien atteint aussi 850 ou 900 millièmes, mais très-rarement. Il est inutile de rappeler que l'or de la monnaie française est au titre de 900 millièmes de fin, et que les 100 autres millièmes ne sont composés que de cuivre, que l'on allie à l'or pour rendre celui-ci plus dur. A cet état l'or vaut 3 fr. le gramme, tandis que le gramme d'or chimiquement pur vaut 3 fr. 44.

Il peut être intéressant d'examiner pour les mines de quartz, comme nous l'avons fait pour les placers, à quelle contenance en or le travail du mineur cesse d'être profitable.

On compte en Californie que le rendement minimum du quartz doit être compris entre 8 et 16 dollars la tonne, suivant la nature plus ou moins friable de la roche et les charges qui pèsent sur l'entreprise. Un rendement moyen de 20 dollars est déjà celui d'un quartz riche. C'est donc entre 8 et 16 dollars que doit s'arrêter l'extraction, ou de 40 à 80 fr. d'or contenu dans 1000 kilogrammes de minerai. Prenant l'or à 2 fr. 70 le gramme, le premier de ces chiffres donne un poids d'or d'environ 15 grammes, et le second un poids de 30, ce qui signifie, si l'on se reporte à ce qui a été établi précédemment, page 26, que *les mines de quartz aurifères, pour être utilement exploitées, doivent renfermer de 15 à 30 fois plus d'or que les placers.*

Dans les mines de quartz, l'or ne se rencontre pas seulement à l'état pur, natif, mais encore en combinaison avec des sulfures métalliques, pyrites de fer ou de cuivre, plomb ou zinc sulfurés, dont il est très-difficile de l'extraire par l'amalgamation. Tous ces sulfures sont aussi argentifères, et là commence une nouvelle métallurgie de l'or, qui fait le désespoir de tous les ingénieurs et de tous les chimistes californiens. Combien peu ont réussi, parmi toutes les méthodes qu'on a successivement préconisées !

En 1868, on pouvait voir à l'essai, dans les mines du comté de Nevada, deux de ces méthodes, l'une due à un ingénieur français, le regretté M. Rivot, l'autre à un Allemand, Plattner. M. Rivot croyait avoir trouvé le moyen d'extraire tout l'or contenu dans les sulfures aurifères. Le procédé qu'il employait consistait à oxyder entièrement le minerai, réduit en poudre impalpable, dans un four cylindrique tournant en tôle de fer chauffé en dessous, une façon d'énorme rôtissoire de la forme de celles à griller le café. A l'intérieur, on admettait de l'air et de la vapeur d'eau surchauffée. Après ce grillage prolongé, on amalgamait le minerai dans des cuves, à la manière ordinaire.

L'Allemand Plattner traite par la chloruration les minerais d'or rebelles. Par son procédé, on grille le minerai sulfuré dans un four à réverbère à deux soles, ou aires planes consécutives, sur lesquelles on étend la matière à oxyder; puis on attaque par le chlore en dissolution les sulfures entièrement grillés. Le chlore est produit d'abord à l'état gazeux au moyen de l'oxyde de manganèse, du sel marin ou chlorure de sodium et de l'acide sulfurique. Le chlorure d'or est mis en présence d'une dissolution de sulfate de fer. Cette substance dégage le précieux métal de sa combinaison peu stable ; il se forme du chlorure de fer au lieu de chlorure d'or, et l'or, remis en liberté, tombe à l'état de poudre au fond des bassines servant à l'expérimentation. On recueille cette poudre, on la fond dans un creuset, on la coule dans une lingotière, et l'on obtient une barre d'or métallique entièrement pur.

D'autres expériences ont été également tentées dans le traitement des minerais d'or sulfurés. On est allé jusqu'à s'adresser à l'électricité pour les espèces les plus réfractaires. Le fluide mystérieux favorise l'association ou la désunion des corps, et on lui a prêté un instant le don de rendre possible l'amalgamation de tous les minerais d'or. Les essais ont été depuis abandonnés. Le meilleur moyen serait de fondre les minerais réfractaires avec des galènes ou plombs sulfurés. Le plomb, en fondant, entraîne avec lui tout l'argent et l'or. Il les restitue ensuite par la coupellation ou oxydation du plomb au four de coupelle. Le plomb passe à l'état de litharge ou plomb oxydé, qu'on écume et qui coule, tandis que l'or et l'argent restent inattaqués, à l'état de gâteau, non fondus, et sont ensuite faciles à séparer l'un de l'autre; mais ce qui manque à la Californie, ce sont précisément ces minerais de plomb en grande quantité pour effectuer cette opération rationnelle, et la plupart du temps les *sulfurets* aurifères sont trop pauvres pour être transportés au loin. Aujourd'hui, après vingt ans d'essais et de recherches de tous genres, on peut dire que le problème est toujours à l'étude.

IV

LES GITES AURIFÈRES DU GLOBE

Mines de l'Amérique du Nord et de l'Amérique du Sud. — Les anciens placers de l'Europe. — L'or en Asie, en Afrique. — L'or en Australie. — Découverte des gîtes australiens. — L'or dans la Nouvelle-Zélande. — Transformation de l'Australie.

La Californie n'est pas le seul État de l'Amérique du Nord où l'or se retrouve en abondance. Dans l'État voisin de Nevada, où l'argent existe en si grande quantité, on trouve aussi de l'or, et c'est même en recherchant des placers dans ce pays alors désert et presque entièrement inconnu, que des orpailleurs californiens découvrirent les mines d'argent, comme nous le dirons quand nous traiterons de ces mines.

L'or se retrouve aussi dans l'Orégon, dans le territoire de Washington, dans la Colombie britannique, dans le territoire d'Alaska; puis dans l'Arizona, dans le Nouveau-Mexique, l'Idaho, le Montana, l'Utah,

Dans la chaîne des Montagnes-Rocheuses, on le rencontre partout, jusque dans la partie de cette chaîne qui a nom les Montagnes-Noires (territoire de Dakota), où sont, depuis quelques années, les réserves indiennes. Cette découverte a, dès les premiers jours, amené entre les pionniers blancs et les Peaux-Rouges des démêlés sanglants, dans lesquels a dû intervenir l'armée fédérale, quelquefois pour se faire battre. Ces démêlés ne sont pas tout à fait apaisés, et les mineurs n'ont pas encore pris définitivement possession de ces riches placers. Il faut auparavant que les sauvages soient transplantés ailleurs, ce qui ne se fera qu'à leur corps défendant; car ils croyaient enfin jouir à tout jamais de ce dernier campement pour eux et leurs petits-fils. Il y avait là de l'eau, des pâturages en abondance, des bisons, et le site leur plaisait.

L'État de Colorado est la partie la plus aurifère des Montagnes-Rocheuses. Les placers d'Empire-City y ont été un moment fouillés avec beaucoup d'ardeur (fig. 15); je les ai vus presque abandonnés en 1867. Pour retrouver le précieux métal, il faut ensuite traverser le Mississipi et visiter les trois États atlantiques, la Georgie et les deux Carolines, qui furent très-productifs aux temps de la domination anglaise, au siècle passé. Nous savons que ce sont des mineurs georgiens qui ont formé les premiers orpailleurs californiens. Ce sont aussi des

Fig. 15. — Vue des placers d'Empire-City (État de Colorado).

Georgiens, émigrant en Californie, qui ont découvert dans le Colorado les premières pépites d'or, en 1859. Ils se fixèrent là, dans les passes des Montagnes-Rocheuses, et furent les glorieux fondateurs de ce riche territoire. Après la Californie, le Colorado est l'État le plus fertile en or.

La Georgie et les Carolines étaient devenues presque stériles, et produisaient très-peu du précieux métal il y a quelques années, lorsque, vers 1868, de nouvelles découvertes y ont été faites, de nouveaux travaux entrepris. Aujourd'hui, on y exploite, comme en Californie, des mines de quartz très-riches, dont il y avait de fort beaux échantillons à l'exposition universelle de Philadelphie, en 1876.

Le Canada a paru un moment vouloir le disputer aux États-Unis par la fécondité de ses placers, surtout ceux de la Colombie britannique, au nord du territoire de Washington; mais ceux-ci n'ont pas répondu à toutes les espérances qu'ils avaient fait d'abord concevoir.

Après les États-Unis et le Canada, vient le Mexique, où l'or se retrouve encore, mais avec moins d'abondance que par le passé. Ce sont, on l'a vu, des Mexicains qui ont doté les mines de quartz de Californie de la meule de pierre ou arastra. Citons encore les États de l'Amérique centrale et ceux de la Nouvelle-Grenade, dont les placers furent si fertiles avant l'arrivée des Espagnols. C'était là qu'était la *Castille d'Or*. A Chiriqui, dans la province de Panama, on a retrouvé, dans d'anciennes tombes indiennes, les outils qui servaient aux premiers orfèvres de ces pays, sinon aux orpailleurs : un ciseau pour tailler le métal, un poinçon pour le travailler, des brunissoirs pour le polir (fig. 16, 17 et 18). Tous ces outils sont en silex. Le poinçon porte latéralement, en quelques endroits, des traces laissées par l'or.

Dans le Venezuela, dans les Guyanes, on a découvert, depuis quelques années, des placers très-productifs. Ceux de l'Approuague, dans la Guyane française, se développent à merveille malgré un climat des plus malsains.

Le Pérou, la Bolivie, le Chili, furent naguère plus féconds. Les placers en sont toujours fouillés, notamment en Bolivie, où les placers de la vallée de Tipuani, l'un des affluents de l'Amazone, ont attiré à plusieurs reprises l'attention des ingénieurs et des capitalistes européens (fig. 19). Il est bon de rappeler que ce sont des Chiliens qui ont importé en Californie les premières méthodes de lavage en grand.

De l'autre côté des Andes, sur le versant qui regarde l'Atlantique, nous avons la Plata et le Brésil, tous deux aurifères, le Brésil surtout, dont les gîtes d'Ouro-Preto (or noir), au siècle dernier, rendirent les Brésiliens millionnaires encore plus que les diamants. C'est peut-être depuis cette époque que le type du riche Brésilien est devenu légendaire, et que

Fig. 16. — Ciseau. Fig. 17. — Poinçon. Fig. 18. — Polissoirs.

Outils en silex retirés du tombeau d'un orfévre indien de Chiriqui (province de Panama).

les petits théâtres à Paris s'en sont si joyeusement

emparés. A Ouro-Preto on remuait littéralement les pépites à la pelle, et quand le gouverneur de la province de Minas Geraes (les mines générales) où était situé Ouro-Preto, qu'on appelait alors Villa-Rica, venait visiter les placers, on lui offrait sur un plat une poignée de grosses pépites : c'était comme le cadeau de bienvenue. Dans les processions, c'était l'or qui remplaçait le fer des chevaux de l'escorte d'honneur du Saint-Sacrement, et partout c'étaient des fêtes, de somptueux banquets et des dépenses folles. Aujourd'hui ces placers sont bien déchus de leur antique prospérité, et ne produisent plus annuellement que 8 à 10 millions de francs. C'est le cas général : aucune mine n'est inépuisable.

Une partie des États de l'Europe fut dans l'antiquité une véritable Californie. En Espagne, dans les Asturies, le long de l'Èbre ; en France, dans les Cévennes, le Morbihan, on voit les résidus de lavage des anciens placers, amoncelés en tas de sables et de pierres à la surface du sol. Les placers de la Colchide, au pied du Caucase, étaient célèbres. C'est là que fondirent un jour Jason et ses compagnons, à la recherche de la toison d'or. Nous avons dit, à propos des toisons dont les orpailleurs californiens font usage pour retenir les dernières parcelles d'or, quelle réalité se cachait sous cette légende mythologique. Le Pactole est aussi non moins légendaire. Les Phéniciens furent les grands

Fig. 19. — Placers aurifères de la vallée de Tipuani (Bolivie).

orpailleurs de l'antiquité. Aujourd'hui tous ces placers de l'Europe sont épuisés ; cependant on lave encore avec quelque profit les sables de quelques cours d'eau, par exemple ceux de certains affluents du Rhône, dans le Gard. Il faut citer aussi les mines d'or du Piémont, de la Hongrie, de la Transylvanie, qui sont toujours en exploitation. Celles de la Hongrie furent exploitées, sinon découvertes, par les soldats d'Attila. En Hongrie, en Transylvanie, les mineurs sont enrégimentés. Les chefs comme les ouvriers sont restés fidèles aux vieux usages, et portent des vêtements, des coiffures et des insignes particuliers (fig. 20 et 21).

Si d'Europe nous passons en Asie, nous y trouvons principalement les placers et les mines de quartz de la Sibérie, qui donnent aujourd'hui des rendements aussi considérables que ceux de l'Australie et de la Californie, c'est-à-dire au moins 100 millions de francs par an. Ces gîtes sont exploités avec beaucoup d'ensemble, et quelques particuliers y ont fait de très-grandes fortunes. Sans être princes, quelques-uns y ont retrouvé la fortune des princes russes de nos romans et de nos comédies. Le gouvernement possède en propre une grande partie de ces mines, et souvent y envoie travailler les condamnés politiques. On applique sur ces gisements les mêmes méthodes d'attaque, de lavage et de traitement métallurgique qu'en Californie. — Les placers de l'Inde, de la Chine, du Japon, des îles de la Sonde, des Philippines, sont loin d'être aussi productifs que ceux de la Sibérie.

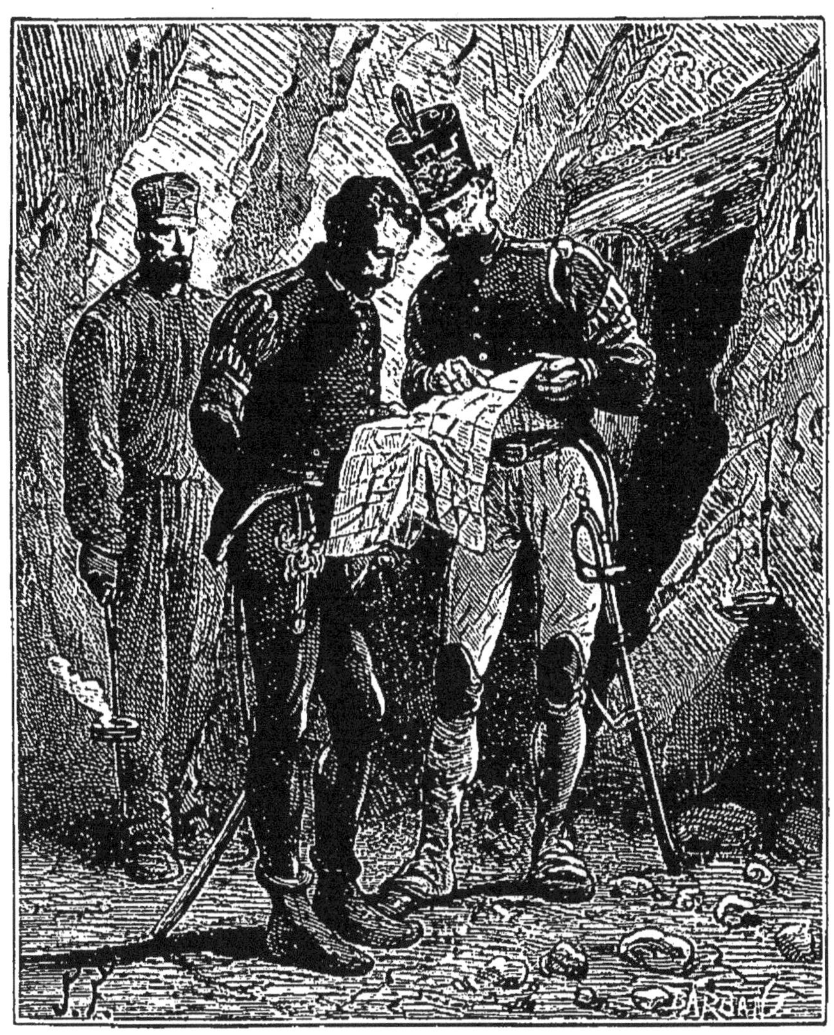

Fig. 20. — Capitaines de mines hongrois.

En Afrique, il y a dans toute la Guinée, dans tout le Congo et dans une partie de l'Afrique centrale, des placers en exploitation, La poudre d'or est un des principaux objets d'échange que portent les caravanes. Tout le long du Niger, les nègres se livrent au lavage des sables, et l'un des officiers de notre marine militaire, le regretté Mage, qui avait

Fig. 21. — Mineur de Transylvanie.

brillamment exploré ces régions, nous racontait un jour que l'or y était si abondant, qu'on pouvait en recueillir des parcelles rien que dans les balayures des cabanes, dans la poussière des parquets. Y eût-il un peu d'exagération dans ce dire, il n'en reste pas moins prouvé que toute cette portion de l'Afrique est comme un immense placer, d'où le nom de Côte-d'Or que les Portugais, les premiers découvreurs du pays, donnèrent à une partie du rivage de la Guinée.

Il nous reste à dire un mot de l'Australie ; c'est un monde à part et comme un continent spécial. Là aussi l'or existe en grande abondance, on le sait. Les placers et les mines de quartz de la province de Victoria ont toujours produit autant que ceux de Californie, et aujourd'hui encore ils vont de pair avec eux et ceux de Sibérie. On peut dire que ce sont là les trois principales sources où le monde s'alimente d'or, et l'on peut fixer à trois cents millions de francs environ la quantité totale annuelle que fournissent maintenant ces trois pays, c'est donc cent millions à peu près pour chacun. Tout le reste du globe doit fournir environ deux cents millions, soit en tout un demi-milliard de francs.

Les placers des provinces de Queensland et de la Nouvelle-Galles du Sud font partie de ceux de l'Australie. On peut y joindre ceux de la Nouvelle-Zélande. Ces trois gisements produisent aujourd'hui autant, pris ensemble, que ceux de Victoria, soit environ cent millions par an.

Il ne sera peut-être pas sans intérêt de raconter

ici comment l'or fut pour la première fois découvert en Australie. Ce fut, comme en Californie, presque par hasard, et les enseignements de la science n'intervinrent que très-faiblement dans cette trouvaille, qui a fait de l'Australie une colonie aujourd'hui si prospère.

De même que dans l'Eldorado (les Espagnols avaient donné instinctivement, dans le principe, ce nom d'heureux augure au pays occupé depuis par la Californie), de même que dans l'Eldorado, on soupçonnait en Australie l'existence de gîtes aurifères. Un savant polonais, le comte Strzelecki, s'était expliqué à ce sujet, dès l'année 1839, dans une sorte de mémoire adressé au gouverneur de la Nouvelle-Galles du Sud. Le célèbre géologue anglais, sir Roderick Murchison, le révérend Clarke de Sidney, également géologue, avaient aussi pressenti, entre les années 1844-47, l'existence de l'or en Australie. Personne cependant n'avait encore découvert le précieux métal, quand un berger écossais, qui sans doute ne savait rien des assertions des géologues, vint des Montagnes-Bleues vendre à des orfèvres de Sidney des paillettes et des pépites d'or, refusant d'en faire connaître la provenance. Quelque temps après, en 1851, un Australien, Hargraves, qui était allé travailler aux placers de Californie et était retourné dans la Nouvelle-Galles du Sud, trouva aussi de l'or dans les montagnes au couchant de Sidney. Il se décida, après quelques hésitations et moyennant une forte récompense que lui promit le gouverneur, à faire connaître la place où il avait trouvé ces pépites : c'était dans les montagnes de Bathurst, à 70 lieues à l'ouest de Sidney. Il y eut bientôt plus de mille chercheurs sur les lieux ; puis l'or fut découvert dans la province de Victoria, dont quelques *camps*, ceux de Ballarat, de Bendigo, devinrent bientôt aussi fameux que les camps de mineurs californiens. L'émigration australienne, sauf de la part de l'Angleterre, ne fut cependant ni aussi nombreuse, ni aussi tumultueuse que l'avait été celle vers l'Eldorado du Pacifique. Le monde ne voit pas deux fois, à des intervalles si rapprochés, de ces sortes d'exodes.

En 1860 et dans les années qui suivirent, ce n'était plus seulement en Australie, c'est aussi dans la Nouvelle-Zélande, à l'ouest de la grande île, puis dans la Nouvelle-Guinée au nord, et dans la Tasmanie au sud, que l'or était encore découvert. L'Australasie, comme les Anglais appellent tout ce groupe de grandes îles dont fait partie elle-même l'Australie, devint ainsi le premier, le plus fécond placer du globe, et comme l'origine d'une cinquième partie du monde, d'un véritable continent. Dans l'ensemble, le travail de l'or y est resté très-productif, bien que les placers de Victoria, comme ceux de la Californie, aient vu peu à peu baisser leur rendement des deux tiers; mais les placers des autres districts, notamment ceux de la Nouvelle-Zélande, venaient en quelque sorte raviver la production ici décroissante, et pour ainsi dire combler les vides. D'ailleurs, à mesure que la fouille de l'or allait s'apaisant, les travaux de l'agriculture, autrement féconds, l'élève du bétail, autrement utile à la colonie, prenaient insensiblement la place du travail des mines, sans compter que d'autres exploitations souterraines, presque aussi fructueuses que celles de l'or, et non moins indispensables au développement colonial, naissaient également, telle que l'extraction du charbon, du pétrole, du zinc, du fer, du plomb, de l'argent, de l'étain. Aujourd'hui l'orpailleur produit à peine 1500 francs d'or par année, le houilleur plus de 6000 francs de charbon; mais tout cela s'efface devant le rendement effectif du sol. L'Australie est un des premiers pays agricoles du monde. On y cultive heureusement la vigne, la canne à sucre, et les laines des troupeaux qu'on y élève vont de pair avec celles des moutons de la Plata, le premier marché du globe pour les laines. C'est ainsi que la vie agricole et pastorale a pris presque entièrement la la place de la vie minière. Il en a été de même en Californie. Dans d'autres contrées où cette heureuse transformation ne s'est pas produite, comme dans la plupart des colonies hispano-américaines et dans certaines provinces du Brésil, notamment celle de Minas-Geraes dont il a été parlé, on signale comme un état de malaise, de souffrance, au lieu et place de la première prospérité. Il faut évoluer pour vivre, c'est une des grandes lois de la nature, et les sociétés comme les individus qui n'obéissent pas à cette loi s'étiolent et disparaissent avant l'heure.

V

LES MINES D'ARGENT DE NEVADA

Découverte de la mine de Washoe. — Virginia-City. — Le filon de Comstock. — Agiotage effréné. — Fondation de l'État de Nevada. — Hausse des actions minières. — Production croissante de l'argent. — Panique de 1864. — Extraction de 1876. — Le filon et le minerai. — Autres mines de Nevada. — Mode d'exploitation souterraine. — Abondance des eaux, manque d'air. — Le tunnel Sutro.

Il y avait un an à peine que les placers de Californie étaient en exploitation, que déjà quelques orpailleurs, mécontents de leur sort et amoureux de l'inconnu, franchissaient les cols de la sierra Nevada, et venaient planter leur tente le long des ravins tributaires de la rivière Carson et autour du lac Washoe. Le pays faisait partie du territoire d'Utah récemment occupé par les Mormons, qui campaient à quelques centaines de lieues de la sierra, au bord du grand lac Salé. A vrai dire, il n'appartenait à personne, pas même aux sauvages qui le parcouraient, en quête de racines ou de sauterelles. C'étaient des bandes hideuses de Pah-Utes, de Bannocks et de Shoshones ou Serpents.

Les orpailleurs californiens apparus depuis dix ans dans ces déserts n'y faisaient pas de brillantes affaires, quand deux d'entre eux, en juin 1859, découvrirent par hasard sur le placer qu'ils exploitaient une pierre grisâtre, pesante : c'était du minerai d'argent. En cherchant de l'or, ils avaient trouvé, sans l'espérer le moins du monde, le blanc métal frère du métal jaune. La richesse de cette mine inattendue fut dès le début extraordinaire. On l'appela d'abord la mine de Washoe, du nom du lac qui se trouvait dans le voisinage. La nouvelle de cette découverte se répandit bien vite en Californie ; elle y causa une émotion universelle. Chacun partit pour le nouveau district métallifère, chacun voulut marquer sa concession, son claim, sur le nouveau filon ; mais l'automne vint et bientôt les premières approches du froid : les passes de la sierra se trouvèrent comblées par les neiges. Il fallut attendre au printemps, où un nouvel exode recommença. A cette époque, j'avais moi-même quitté la Californie et je ne pus visiter ces mines que huit ans après, en 1868 : elles étaient alors en pleine exploitation, et depuis, leur richesse n'a fait que s'accroître et a dépassé celle des mines les plus renommées du globe.

Virginia-City est la véritable métropole des mines

d'argent de Nevada. C'est une ville à l'américaine,

Fig. 22. — Une rue de Virginia-City, métropole des mines d'argent de l'État de Nevada.

tracée en damier, aux maisons de bois ou de briques rouges, aux trottoirs planchéiés (fig. 22). Non loin est une autre ville, Silver-City ou la ville de l'Argent, aux maisons éparses, d'un caractère tout à fait agreste (fig. 25).

Le climat de Nevada est rude, sec, venteux, très-froid en hiver; car ce plateau est au pied de la sierra et élevé d'environ 2000 mètres au-dessus du niveau de la mer. Virginia-City est adossée à une montagne, le pic Davidson, qui la domine de 500 mètres. Les vallées qui descendent de la montagne vont s'unir à celle de Carson, la principale de ce district.

Le filon argentifère affleure aux flancs du pic Davidson; c'est une masse quartzeuse, d'un blanc jaunâtre, une muraille de silex carié, qui rappelle les filons de quartz aurifère, et de fait elle contient une quantité assez notable d'or natif vers la partie superficielle. On l'appelle le filon de Comstock, du nom du mineur qui en délimita la première concession. Auparavant, on la nommait le filon de Virginia, du surnom d'un mineur de Virginie, qui exploitait en 1858 ce filon comme quartz aurifère, et que ses camarades avaient baptisé du sobriquet d'*Old Virginia*, en souvenir de l'État qui lui avait donné le jour. Le nom de Virginia est resté au moins à la ville bâtie sur le filon.

Il fut établi dès le commencement, d'après les règles déjà en usage en Californie, que chaque exploitant pourrait s'approprier à la surface 200 pieds

Fig. 25. — Vue de Silver-City ou la ville de l'Argent.

linéaires du filon de Comstock avec une étendue indéfinie en profondeur. Ces premiers claims ou locations, comme on les appelle encore, transférés plus tard à des compagnies, donnèrent naissance aux riches exploitations connues aujourd'hui sous les noms de *Best and Belcher*, *Ophir*, *Hale and Norcross*, *Gould and Curry*, *Savage*, *Yellow-Jacket*, etc.

Ce fut un Californien, James Walsh, qui fit connaître le premier aux mineurs de Washoe la véritable valeur de leur veine, que jusque-là ils travaillaient assez grossièrement. A la fin de 1861, il envoya 3000 kilogrammes de minerai à San Francisco, et les vendit 4500 dollars. Alors, il acheta 1800 pieds de filon au prix de 14 dollars le pied. Quelques mois plus tard, le pied de filon valait jusqu'à 1000 dollars, et la Californie tout entière faillit faire irruption sur les mines d'argent. Des bandes de spéculateurs s'abattirent sur le pays, les statuts de trois mille compagnies minières furent enregistrés, et 50 000 personnes prirent des intérêts dans ces affaires, dont la plupart n'existaient que sur le papier. Ce fut une fureur de jeu, une fièvre d'agiotage comme peut-être l'Amérique n'en avait point vu encore, quelque chose qui rappelait les folies des Parisiens sous la Régence, à l'époque de la fameuse banque de Law et des actions du Mississipi. Cette fièvre finit par s'apaiser, sauf à renaître plus tard, à diverses reprises, mais avec moins d'intensité que la première fois. En attendant, le pays se peuplait et se constituait en territoire d'abord, en État ensuite. En 1864, il était reconnu sous ce titre et admis dans l'Union sous le nom d'État de Nevada, emprunté à la sierra voisine. La partie du territoire d'Utah affectée aux Mormons garda son nom primitif, et elle est restée un territoire jusqu'à présent, à cause des difficultés inextricables que la polygamie, contraire aux lois fédérales et pratiquée avec ferveur par ces étranges sectaires, fait surgir toutes les fois qu'il est question d'admettre ce territoire au rang d'État.

Les actions minières sur le filon de Comstock portaient le nom de *pieds*, parce qu'elles étaient, à l'origine, représentées par un pied de filon. Aujourd'hui, on les a dédoublées, et ce n'est plus que le douzième du pied ou un pouce qu'elles représentent. Un pied de la mine de Gould et Curry, qui fut à l'origine la plus productive du filon de Comstock, se vendait, en mai 1862, 500 dollars, 1000 en juin, 1550 en août, 2500 en septembre, et ainsi de suite en croissant toujours jusqu'au mois de juillet 1863, où le pied de cette mine atteignit le chiffre de 5600 dollars. C'était plus de onze fois la valeur que les actions avaient quinze mois auparavant. La valeur des actions des autres mines suivit une progression aussi rapide, bien que s'élevant à un taux moins élevé. Toutes ces actions étaient, dès lors, admises à la bourse de San Francisco, et plus tard à celle de New-York.

La production de l'argent, dès la première année de l'exploitation, en 1860, n'avait pas atteint 100 000 dollars ; mais dès l'année suivante elle dépassait 2 millions de dollars. En 1862, elle dépassait 6 millions ; en 1863, 12 millions. Jamais pareille chose, en aucun temps, ne s'était vue. Les mines de Virginia-City, laquelle venait de naître et n'avait pas plus de 15 000 habitants, dépassaient déjà, pour la production, celles de Potosi de Bolivie ou de Guanajuato du Mexique au siècle dernier, alors que ces deux villes extrayaient chacune 10 millions de piastres par an et renfermaient une population de plus de 100 000 habitants.

Le mouvement de hausse sur les actions du filon de Comstock s'arrêta à la fin de 1863. En 1864, une panique s'empara des joueurs, et les actions baissèrent toutes environ des cinq sixièmes de la valeur qu'elles avaient auparavant, puis elles remontèrent peu à peu. A partir de 1865 jusqu'aujourd'hui, à mesure que les conditions de l'exploitation se sont régularisées, elles n'ont plus présenté de ces écarts et ont seulement oscillé entre des limites raisonnables. Il y a eu cependant des cas de découvertes inattendues, d'amas métallifères de dimensions et de richesse stupéfiantes, notamment en 1874 sur les mines dites d'*Ophir*, de *California* et de *Consoli-*

dated-Virginia. A ces moments, on a été bien près de recommencer les folies des premières années de l'exploitation. Depuis 1865, la production de l'argent est aussi toujours allée en croissant, et elle est passée successivement par les chiffres de 16 millions, 20 millions, 25 et 30 millions de dollars; puis elle a franchi tout à coup le chiffre de 40 millions de dollars ou 200 millions de francs, qui est le plus élevé qu'aucune mine ait jamais atteint, et qui correspond pour les mines de Nevada au rendement de l'année 1876.

Le filon de Comstock a été reconnu sur environ 2000 pieds de longueur. Il a une épaisseur de 100 à 200 pieds, et la direction du gîte fait un angle de 15 degrés à l'est de la méridienne astronomique. L'inclinaison est de 45 degrés vers l'est. L'exploitation atteint à une profondeur de 1000 pieds.

Le minerai est du sulfure simple d'argent, presque pur, de l'espèce que les minéralogistes appellent stéphanite ou argent vitreux. Il est mêlé à de l'argent rouge ou sulfure multiple d'argent, d'antimoine, d'arsenic. Il y a aussi des chlorures, des iodures et des bromures d'argent, et enfin de la galène ou plomb sulfuré assez riche en argent. Contrairement à ce qui se présente pour l'or, les minerais d'argent natif ne sont qu'une exception; ils se rencontrent très-rarement dans le filon de Comstock.

Les mines de Virginia ne sont pas les seules dont

le Nevada ait à s'enorgueillir. On peut dire que tout le sol de ce jeune État est imprégné de matières argentifères, depuis la région septentrionale où sont les mines de Humboldt, jusqu'à l'extrême limite sud où sont celles de Pahranagat. Vers la limite orientale de l'État sont les mines d'Austin, si fertiles en argen rouge, et vers le centre, celles de White-Pine, dont la découverte fit tant de bruit en 1868, et où domine le chlorure d'argent.

Le mode d'exploitation adopté dans les mines du Nevada ne diffère pas de celui en usage sur les mines de quartz aurifère et même sur la plupart des mines métalliques. Le filon s'enfonce sous le sol à la façon d'une muraille inclinée. On le rejoint par des puits, des galeries horizontales ou tunnels, et on divise le gîte en cubes isolés, au moyen de galeries qu'on trace sur la direction et sur la pente du filon. Puis, on abat ces cubes par un des angles, en se servant du pic, de la poudre ou de la dynamite, et en étayant par des remblais ou des boisages les vides produits (fig. 24). Les divers ateliers souterrains présentent une grande animation, et sont curieux à parcourir. Le minerai abattu subit un premier triage dans la mine, enfin il est remonté au jour par des machines. On fait usage de chemins de fer, établis sur le sol des galeries, pour le mouvement des wagonets chargés de la pierre métallique. Toutes ces installations sont faites avec beaucoup de luxe.

Des pompes extrayent l'eau, qui est souvent très-abondante. Les puits sont divisés en compartiments distincts, pour assurer la circulation séparée des hommes, des wagonets, et l'établissement des appareils ventilateurs ou hydrauliques. Les mineurs montent et descendent dans des cages de sûreté où aucun accident n'est possible. Il y a, dans quelques chantiers, des machines à vapeur locomobiles. Le foyer des chaudières a mis une fois ou deux le feu aux boisages des galeries, et occasionné de longs chômages. La visite de ces mines est généreusement permise à tous, et la direction locale donne non-seulement un guide, mais fournit encore les vêtements de laine et le chapeau de cuir dur indispensable pour une tournée de ce genre. Je ne parle pas de la chandelle traditionnelle, qu'on colle au chapeau avec un tampon d'argile, système que les mineurs de la Cornouaille anglaise, émigrés en Californie et de là au Nevada, ont partout importé en Amérique. Cette méthode élémentaire d'éclairage souterrain rappelle quelque peu celle dont devaient user les Cyclopes, ces premiers mineurs de la Méditerranée, et la fable de l'œil qu'on leur donne au milieu du front s'explique ainsi tout naturellement, comme déjà nous avons expliqué ailleurs celle des Argonautes et de la toison d'or.

Deux inconvénients particuliers gênent l'exploitation des mines de Virginia-City : l'abondance des

Fig. 24. — Intérieur d'une exploitation sur le filon d'argent de Comstock.

eaux souterraines et le manque d'air respirable. Malgré l'emploi de pompes très-puissantes et de machines ventilatrices des mieux agencées, ces deux ennemis, l'eau et l'air vicié, pèsent de plus en plus sur l'économie des travaux intérieurs. C'est pourquoi, dès 1865, un citoyen américain des plus énergiques et des plus intelligents, M. Sutro, a projeté d'aller rejoindre le filon de Comstock, à une profondeur de 2000 pieds, au moyen d'un tunnel de plus de 20 000 pieds de long, la moitié de la longueur du tunnel du Mont-Cenis. Ce tunnel, enfin commencé en 1871, part de la vallée de Carson, et se dirige perpendiculairement vers le filon : il a aujourd'hui atteint la moitié de sa longueur totale, soit 10 000 pieds. Il a 12 pieds de large et de haut, et coûtera 2 millions de dollars.

La réussite de cette grande œuvre, une des plus étonnantes que l'art des mines aura vues se réaliser, ouvrira pour le filon de Comstock une ère en quelque sorte nouvelle. Les eaux intérieures s'écouleront naturellement, sans aucune dépense, par cette voie, l'air circulera librement, et de là se répandra, montera frais et pur dans tous les chantiers. Les minerais seront transportés au dehors par cette longue galerie avec un coût minimum ; enfin un nouveau champ d'exploitation, de 1000 pieds au moins en hauteur, sera assuré à chaque mine. J'ai eu l'avantage de rencontrer plusieurs fois M. Sutro en Amérique, en Californie, à Nevada, à Washington, à New-York et tout récemment à Philadelphie, où il m'a annoncé que le forage de son tunnel continuait à marcher à souhait. Le gouvernement fédéral, l'État de Nevada, lui ont concédé divers terrains pour l'installation de ses travaux, et le droit de tirer une redevance proportionnelle des mines qui useront de son tunnel. C'est au moyen de cette redevance que les courageux actionnaires qui ont soutenu M. Sutro dans son entreprise seront remboursés de leurs avances, et toucheront de plus un dividende bien mérité.

VI

LA MÉTALLURGIE DE L'ARGENT

Traitement de la galène ou plomb sulfuré argentifère. — Pattinsonnage. — Zincage. — Cuivre argentifère, liquation. — Méthode d'amalgamation américaine. — Le tonneau allemand. — Le *patio* mexicain. — La chloruration sèche. — L'amalgame et les briques d'argent. — Richesse moyenne des minerais de Nevada; pertes. — Essais infructueux. — Séparation de l'or et de l'argent.

La métallurgie de l'argent est naturellement plus compliquée que celle de l'or, celui-ci se rencontrant presque toujours dans la nature à l'état pur ou natif, tandis que les minerais d'argent offrent des combinaisons assez complexes, où le soufre, le brome, le chlore, l'iode, se trouvent mêlés au métal. D'autres corps sont aussi le plus souvent combinés à l'argent, tels que le cuivre, le plomb, l'arsenic, l'antimoine. Il faut le dégager de toutes ces substances hétérogènes. Quand il s'agit de la galène ou plomb sulfuré argentifère, la méthode est assez simple. C'est de ce minerai que les anciens, jusqu'à la découverte de l'Amérique, ont tiré presque tout l'argent consommé en Europe. On fondait le minerai et on passait le plomb ainsi obtenu à la coupelle. C'est encore aujourd'hui le procédé que l'on emploie.

On traite la galène comme un minerai de plomb ordinaire, par exemple en l'oxydant d'abord et la désulfurant le plus possible dans un four à réverbère, où passe un courant de flamme venant du foyer. Puis on fond le minerai, ainsi oxydé et désulfuré, pour en retirer le plomb. Le plomb a une propriété singulière, c'est une très-grande affinité pour l'argent : partout où existe l'argent, le plomb s'en empare pour s'allier avec lui. On appelle plomb d'œuvre le plomb ainsi obtenu. On le fond alors dans un four dit de coupelle, parce que la sole ou aire du four que lèche la flamme est formée d'une coupelle faite d'os incinérés et pulvérisés. Le plomb, d'autres métaux alliés aussi à l'argent, s'oxydent, forment des crasses qu'on écume. L'oxyde de plomb ou litharge coule au dehors ou s'imbibe dans la coupelle poreuse. L'argent ne s'oxyde point et se concentre de plus en plus. Finalement, il reste sur la coupelle un gâteau d'argent. On le raffine, en le fondant dans un creuset avec du borax, et le coulant dans une lingotière. Le borax agit ici comme pour l'or, à la façon d'un savon minéral, en décrassant l'argent, en s'emparant de tous les corps étrangers, alliés ou mêlés à lui, et les entraînant dans une scorie noirâtre, vitreuse, qui se fige au-dessus du métal. On obtient ainsi de l'argent à peu près chimiquement pur, contenant 10 à 20 millièmes au plus de substances étrangères, mais allié à tout l'or renfermé dans le minerai,

La fin de la coupellation est marquée par un phénomène saisissant. Quand la dernière pellicule de litharge se déchire, le gâteau d'argent apparaît tout à coup, obscur d'abord, brillant ensuite d'un très-vif éclat ; c'est le phénomène de l'*éclair*. Il est le plus souvent accompagné de ce qu'on appelle le *rochage*. L'argent s'est imbibé d'une certaine quantité d'oxygène ; comme il est très-peu oxydable, il laisse subitement dégager ce gaz, qui s'échappe en produisant une espèce de bouillonnement. La surface supérieure du gâteau métallique est ainsi marquée d'une série de bourgeonnements, de soufflures, dont une centrale, plus développée que les autres. On dirait en petit comme une suite de cratères. Le reste du gâteau est poli, et présente la couleur blanche particulière à l'argent.

Il y a des plombs argentifères qui sont trop pauvres pour être directement coupellés. Il faut que les plombs renferment pour cela plusieurs millièmes d'argent, c'est-à-dire de 5 à 10 kilogrammes d'argent pour 1000 de plomb. Quand les plombs ne renferment que quelques centaines de grammes d'argent, comme par exemple les plombs des mines d'Espagne, voici comment on les enrichit. D'abord on les purifie, on les débarrasse, par une espèce de calcination, des métaux impurs alliés au plomb et plus oxydables, tels que l'antimoine, l'arsenic, le zinc, puis on les coule en saumons que l'on fond dans des chaudières. En agitant le bain de plomb, on a reconnu qu'il se séparait de deux parties, l'une cristalline, qui s'appauvrit en argent, l'autre liquide, qui s'enrichit. Il est évident qu'en reprenant l'opération sur cette dernière, après avoir écumé les cristaux, et continuant de la sorte, on arrive à n'avoir plus d'une part que des plombs riches en argent; et de l'autre des plombs à peu près entièrement dépouillés du précieux métal. Cette méthode ingénieuse est due à un Anglais, M. Pattinson, qui l'a découverte en 1829, et elle s'appelle de son nom le *pattinsonnage*. Un industriel marseillais, M. Rozan, a eu l'idée, il y a quelques années, d'agiter le bain de plomb au moyen de la vapeur d'eau introduite comme agent mécanique. D'autres ont remplacé le pattinsonnage par le zincage, le zinc ayant en effet plus d'affinité encore que le plomb pour l'argent, et s'emparant de celui-ci sur le plomb. C'est le chimiste allemand Karsten qui a le premier reconnu cette propriété du zinc, en 1842. En fondant ensemble du plomb argentifère et du zinc, et laissant ensuite refroidir doucement le mélange, il se sépare en deux parties, une supérieure, c'est du zinc contenant tout l'argent, l'autre du plomb entièrement dépouillé du précieux métal. Le procédé de Karsten a été perfectionné par M. Cordurié. L'argent se retire ensuite du zinc par la fusion de celui-ci avec des scories plombeuses ou par la distillation du zinc.

Quand on a affaire à des cuivres et non plus à des plombs argentifères, il est un autre procédé, usité surtout en Allemagne depuis des siècles et dit procédé de *liquation*, au moyen duquel on recueille l'argent en alliant le cuivre avec du plomb que l'on fait ensuite couler, et qui entraîne l'argent avec lui. Il faut se contenter d'indiquer ces méthodes, sans entrer ici dans des détails trop techniques, qui ne seraient peut-être point à leur place.

C'est surtout en Europe qu'existent les minerais de plomb et de cuivre argentifères, et que les méthodes particulières que l'on vient de citer sont en usage. Au Nevada, au Mexique, au Pérou, au Chili, en Bolivie, on opère sur d'autres espèces de minerais, et l'on suit une autre méthode, dite américaine. Elle s'applique à ces sulfures, chlorures, bromures et iodures d'argent dont il a été parlé. Étudions cette méthode au Nevada, qui est aujourd'hui le pays classique des mines d'argent, le plus avancé en ce genre dans l'une et l'autre Amérique.

Après que le minerai a subi un premier triage

dans la mine, un second au dehors, qui consiste à le débarrasser le plus possible des parties trop pauvres ou tout à fait stériles, on le porte sous d'énormes pilons en fonte de fer, qui le pulvérisent intimement, de manière à obtenir une véritable farine minérale. Jusqu'ici rien de différent d'avec ce qui a lieu pour le quartz aurifère, et ces moulins, ces batteries (fig. 25), mis en mouvement par une machine à vapeur ou une roue hydraulique, fonctionnent de la même façon que ceux des mines d'or de Californie.

La poussière minérale obtenue sous les pilons est portée dans de vastes cuves en fonte de fer de $1^{m},20$ à $1^{m},50$ de diamètre et de $0^{m},40$ à $0^{m},60$ de profondeur, où l'on passe de 500 à 1000 livres de minerai à la fois, avec du sel marin, de la pyrite ou sulfure de fer ou de cuivre et du mercure, auxquels on ajoute assez d'eau pour faire de l'ensemble une masse pâteuse. Deux meules en fonte verticales, qui tournent très-rapidement dans la cuve autour d'un pivot central, rendent encore plus impalpable la farine de minerai, et unissent parfaitement toutes ces matières. Dans quelques cas, pour faciliter les réactions chimiques qui s'opèrent, on chauffe le mélange au moyen d'un courant de vapeur d'eau qui circule dans un double fond; d'autres y ajoutent du sulfate de cuivre, de l'acide sulfurique ou azotique. Telle est la cuve américaine

Fig. 25. — Batterie de pilons à broyer le minerai d'argent dans une usine du Nevada.

ou *pan*, qui a détrôné le tonneau oscillant des Allemands et le *patio* du Mexique, et qui est elle-même un perfectionnement de la vieille meule de pierre

Fig. 26. — Moulins d'amalgamation pour le traitement des minerais d'argent dans une usine du Nevada.

roulante, l'*arastra* des Espagnols. Il y a loin de cet appareil primitif aux cuves perfectionnées du Nevada, dont quelques-unes sont installées dans des usines montées avec un très-grand luxe (fig. 26).

Le tonneau allemand, que j'ai vu principalement

en usage, en 1867, dans les mines de l'État de Colorado, et qui a été très-anciennement inventé dans les usines de Freyberg, en Saxe, est aussi employé dans quelques-uns des établissements du Nevada, notamment au moulin de Gould et Curry. Dans ce tonneau, on mélange environ 300 livres de minerai finement pulvérisé avec les ingrédients habituels, l'eau, le sel, la pyrite de fer ou de cuivre et le mercure, et l'on fait, au moyen de roues d'engrenage, tourner le tonneau couché, autour de son axe horizontal, pendant quatorze heures environ.

Par le procédé mexicain, le mélange des matières, intimement pulvérisées, s'opère non plus dans un appareil spécial comme pour les cas précédents, mais à l'air libre, sur une aire dallée ou *patio*. On y laisse le mélange étendu sur le sol pendant trois semaines, et on le fait piétiner par des couples de mules, comme quand il s'agit de fouler le blé (fig. 27). Dans les premiers temps des exploitations mexicaines, ce foulage se faisait par des hommes. Ce système, qui convient si bien aux mines du Mexique, puisqu'elles n'en ont jamais adopté d'autres, a été reconnu insuffisant sous le climat de Nevada.

Aux mines d'Austin, de Belmont, où l'on traite surtout de l'argent rouge, on suit une méthode un peu différente de celle en usage sur les mines de Virginia-City. D'abord, comme le minerai est très-dur, on commence par le concasser en menus mor-

Fig. 27. — Le *patio* mexicain pour le traitement des minerais d'argent.

ceaux entre deux cylindres d'acier cannelés tournant l'un vers l'autre, puis on le pulvérise sous les pilons en fonte. Cela fait, on le calcine dans des fours à réverbère, où il est mêlé avec du sel marin. Le minerai sort de cette opération désulfuré, oxydé par l'air venant de la grille, et chloruré par le sel. Il se forme en dernière analyse un chlorure d'argent, une sorte de minerai artificiel, obtenu, comme disent les chimistes, par la voie sèche et tout prêt pour l'amalgamation, c'est-à-dire pour l'attaque par le mercure.

Le mercure a non moins d'affinité pour l'argent que pour l'or, et aussi pour quelques-uns des composés de l'argent, notamment le chlorure. La combinaison qui en résulte, l'amalgame, est une véritable dissolution des matières argentifères dans le métal liquide. Les réactions chimiques en vertu desquelles le sel marin ou chlorure de sodium et la pyrite ou sulfure de fer ou de cuivre interviennent dans l'amalgamation mexicaine ou procédé du *patio* n'ont pas été clairement débrouillées. Tout ce que l'on sait de positif, c'est que l'amalgamation ne se fait bien qu'en présence de ces ingrédients, et qu'il se forme en fin de compte du chlorure d'argent, qui se dissout dans le mercure et forme l'amalgame. Celui-ci est séparé des matières étrangères par un simple lavage. Comme il est le plus lourd, cette opération est d'une exécution très-facile. L'argent est là dissous comme le sucre dans l'eau, et de même qu'on obtient le sucre candi ou cristallisé en faisant évaporer l'eau où il est contenu, de même on obtient l'argent en distillant le mercure dans lequel il est dissous. Auparavant on a concentré, comme pour l'or, l'amalgame à l'état solide sous forme de boules d'un blanc mat, en le filtrant à travers une peau de chamois. En tordant cette peau et la pressant avec la main, le mercure liquide, pur de tout alliage, passe à travers les pores du tissu, tombe en pluie métallique et il reste sur la peau une boule d'amalgame solide, alliage en proportions définies de mercure et d'argent. L'épuration de l'amalgame se fait quelquefois au Nevada dans un atelier spécial, annexé à celui d'amalgamation, et comme celui-ci installé avec beaucoup d'ampleur et de luxe (fig. 28).

Quand on a une certaine quantité de boules d'amalgame, on les met au fond d'une cornue en fer qu'on approche du feu. A la température de 360 degrés centigrades, le mercure se vaporise et s'échappe par le col de la cornue; un jet d'eau froide, tombant sur le col ou sur un linge mouillé qui l'enveloppe, ramène le vif-argent à l'état liquide : il coule dans une bassine où on le recueille. Quand le dégagement des vapeurs a cessé, on dévisse la panse de la cornue, et l'on trouve au fond un gâteau d'argent confusément cristallisé. A cet état, le métal

Fig. 28. — Atelier d'épuration de l'amalgame d'argent dans une usine du Nevada.

n'est pas tout à fait pur et renferme encore de la silice, du fer, du cuivre, du zinc, outre l'or qui ne s'en sépare pas, car les deux métaux ont une étrange affinité l'un pour l'autre; en un mot l'argent contient encore une certaine partie des substances étrangères avec lesquelles il était naturellement associé dans le filon. On raffine le gâteau métallique en le fondant dans un creusêt de plombagine avec du borax, qui s'empare des corps hétérogènes qui altèrent la pureté de l'argent, sauf l'or. La fusion opérée, on coule rapidement la matière liquide dans une lingotière. Au-dessus se fige une scorie vitreuse : c'est le borax avec la plus grande partie des corps étrangers; au-dessous est le blanc lingot. La métallurgie de l'or nous a rendu toutes ces opérations familières; elles sont les mêmes dans les deux cas.

Les lingots d'argent portent à Virginia-City le nom original de *briques*, parce qu'ils ont en effet la forme de briques à bâtir. Sur 1000 parties, un lingot de Nevada que j'ai vu essayer en 1868 contenait 947 parties d'argent et 42 et demie d'or; il y restait donc encore, quelque soin que l'on eût pris pour raffiner l'argent, 11 et demie parties de matières étrangères. Ce lingot pesait 1510 onces américaines, et il fut évalué à 1755 dollars.

La richesse moyenne des minerais de Nevada était en 1870 de 40 dollars par tonne de 1000 kilogrammes, ou le double de ce que donnent les minerais de quartz aurifère de Californie. Le rendement à l'usine n'était que les deux tiers de celui de l'essai, soit environ 27 dollars. La richesse absolue indiquée par l'essai mettait le titre du minerai à 1 millième, qui est aussi à peu près la moyenne des minerais d'argent du Mexique. Le rendement de 27 dollars révèle un bénéfice net de 50 pour 100, comparé au coût de l'exploitation minière et métallurgique, qui est de 13 à 14 dollars.

Pour sauver la majeure partie de l'argent perdu dans le traitement, M. Rivot avait essayé d'employer au Nevada sa méthode d'opération déjà décrite à propos des minerais sulfurés aurifères de Californie. Il commençait par pulvériser en poudre impalpable le minerai d'argent, puis le grillait, l'oxydait entièrement, puis le désulfurait en faisant passer dans les fours un courant de vapeur d'eau surchauffée, et alors seulement il commençait l'amalgamation. Ni au Mexique, ni au Nevada, ce système n'a réussi, et pas plus que sur les minerais d'or de Californie n'a donné de résultats fructueux. L'invention de Bartholome Medina, le pauvre mineur mexicain, premier auteur de l'amalgamation américaine, est depuis trois siècles ce qu'on a trouvé de mieux pour le traitement des minerais argentifères, sauf les heureuses modifications que les colons américains du Pacifique y ont récemment apportées.

Ce serait peut-être ici le cas de parler de la manière dont se fait le départ, c'est-à-dire la séparation de l'or et de l'argent. Les deux métaux sont presque toujours alliés ensemble dans la nature, en des proportions variables, mais ne peuvent ainsi s'employer dans les arts ; il faut donc les désassocier, pour obtenir séparément de l'or et de l'argent chimiquement purs. Pour cela, on se fonde sur ce principe que l'argent est attaquable par l'acide sulfurique, tandis que l'or ne l'est pas. L'alliage n'est complétement attaqué que lorsqu'il ne renferme pas plus de 20 à 25 pour 100 d'or. On le fond dans un creuset, et quand il est trop riche en or, on ajoute la quantité voulue d'argent. Cela fait, on verse l'alliage fondu dans l'eau pour le réduire en grenailles, puis on l'attaque avec l'acide sulfurique. L'or se rassemble au fond de la bassine. On le recueille, le lave et on le fond à part. On précipite par le cuivre l'argent contenu dans la dissolution acide ; le métal rouge prend la place du blanc, que l'on recueille en poudre, qu'on lave, que l'on comprime en briquettes sous la presse hydraulique et que l'on fond et coule en lingots. Quant au sulfate de cuivre, on peut le faire cristalliser et le vendre au commerce à cet état : c'est le vitriol bleu des marchands de produits chimiques. On s'en sert en médecine, en agriculture, en teinture.

Par la méthode que nous venons d'indiquer rapidement, on traite tous les lingots provenant des mines, les cendres d'orfévre, les vieilles monnaies. Nous avons en France des usines où ce traitement se fait sur une grande échelle, notamment à Biache-Saint-Waast, dans le département du Nord. C'est par ce procédé que l'on a affiné les anciens écus de 3 francs et de 6 francs, qui renfermaient une proportion notable d'or, et même les plus anciennes pièces de 5 francs, qui en contenaient 1 ou 2 millièmes. Cet or ne pouvait être avantageusement séparé par les anciens procédés ; il l'a été par la nouvelle méthode.

Fig. 29. — Ruines de la mission de Tumacacori Arizona) sur le district des mines d'argent (vue prise de la cour).

VII

LES GITES ARGENTIFÈRES DU GLOBE

Mines des États-Unis. — Mines du Mexique. — Rendement de quelques mines célèbres. — Nababs improvisés. — Mines de l'Amérique du Sud. — Les frères Bolados. — Les mines d'argent de l'Espagne, de la Grèce, de la Sardaigne, de l'Italie, de la Norvége, de l'Allemagne. — Voyage des lingots d'or et d'argent. — Production générale des deux métaux.

L'Amérique du Nord n'est pas seulement le pays le plus favorisé par la nature pour les gîtes aurifères, c'est aussi celui où existent les plus riches mines d'argent : nous avons nommé celles de l'État de Nevada. L'Idaho, l'Utah, le Colorado, le Nouveau-Mexique, l'Arizona, sont également cités pour la fertilité de leurs gîtes argentifères. Les mines de l'Utah, découvertes il y a seulement quelques années, produisent déjà plus de 30 millions de francs par an. C'est là que se trouve la fameuse mine Emma, que les Yankees, en 1874, ont vendue 1 million de livres sterling aux Anglais, dans une sorte de marché frauduleux où le ministre lui-même des États-Unis à Londres a été compromis.

Les mines de l'Arizona, qui appartenaient na-

Fig. 50. — Une cabane de mineur à Santa Rita (Arizona).

guère au Mexique, furent un moment très-productives. Lors de la guerre de sécession, les terribles Indiens Apaches ont détruit les établissements, les villages et les *missions* fondés jadis par les Espagnols, et occupés alors par les Américains.

Parmi ces missions, une des plus florissantes était

Fig. 31. — Vue de la vallée de l'Arivaca (Arizona) où sont les mines d'argent.

celle de Tumacacori, où se trouvent les mines de Santa Rita, qui furent activement exploitées de 1857 à 1860 (fig. 29 et 30). Plus à l'est, sont les gîtes fameux de la vallée de l'Arivaca, où la mine Heintzelman, aujourd'hui inondée, fut à la même époque très-féconde (fig. 31 et 32). On fondait là l'argent.

Fig. 32. — La mine d argent d'Heintzelman, vallée d'Arivaca (Arizona).

comme dans les mines voisines de la Sonora mexicaine, dont ces gîtes ne sont que le prolongement. Aujourd'hui, « tout est ruine et deuil » dans ces

Fig. 33. — Vue de l'ancienne mission de Tumacacori (Arizona), prise du côté de l'entrée.

contrées, où la guerre a semé ses ravages, où l'on ne voit plus que des établissements déserts et les vestiges des anciennes missions espagnoles, qui furent un moment si prospères (fig. 33).

Le Colorado, aussi riche que l'Arizona, a eu un sort plus heureux. Il produit à peu près autant d'or que d'argent, et l'on y cite, parmi les mieux exploités, les gîtes argentifères de Georgetown (fig. 34). Le Nouveau-Mexique vient ensuite, qui produit beaucoup plus d'argent que d'or. En somme, les États-Unis, à eux seuls, ont fourni en 1876 plus de 250 millions d'argent, auxquels le Nevada a contribué pour les quatre cinquièmes.

Si des États-Unis nous passons au Mexique, nous trouvons là, dans les provinces qui sont au nord de Mexico, des mines de tout temps célèbres. Elles sont quelque peu déchues aujourd'hui, à la suite de toutes les révolutions politiques qui ensanglantent cette malheureuse contrée depuis trois quarts de siècle. Les mines d'argent natif de Batopilas sont restées classiques. Les mines de la Sonora, celles de Chihuahua, de San Luis Potosi, de Guanajuato, de Real del Monte, de Zacatecas, de Guadalajara, de Pachuca, furent jadis plus productives. On peut les suivre sur la carte, sur une étendue de 2000 kilomètres, de part et d'autre de la chaine des Andes mexicaines, alignées sensiblement sur la direction de cette chaîne, c'est-à-dire du nord-est au sud-ouest. Elles étaient exploitées par les indigènes avant l'arrivée des Européens, et Cortez ravit à Montezuma tous les lingots que ce prince avait amassés. Pizarre devait en agir de même au Pérou avec le malheureux Atahualpa. C'est sur les mines mexicaines que le traitement des minerais par l'amalgamation fut inventé par Medina en 1557, et cette découverte vint à propos dans un pays où le combustible était rare, où la main-d'œuvre était chère, où les matériaux de construction, surtout les matériaux réfractaires au feu, manquaient presque entièrement.

Quelques mines du Mexique ont été longtemps citées pour leur rendement. A l'époque où la Nouvelle-Espagne (c'est le nom que portait alors le Mexique) fournissait à elle seule 100 millions de francs par an à la mère-patrie, les filons de la *Veta-Grande* et de la *Veta-Madre* étaient regardés comme les plus gigantesques du monde. Depuis, le *Mother lode* ou filon principal de quartz aurifère en Californie, qu'on peut suivre sur 60 milles sans discontinuité, du comté de Mariposa à celui d'Amador, a détrôné les veines-mères du Mexique, dont on ne relève guère le prolongement à la surface que sur 8 à 10 milles de longueur continue. Humboldt s'est plû à nous décrire les mines de la Nouvelle-Espagne, qui, de son temps, étaient encore les plus riches du globe. Parmi les plus renommées était la mine de Valenciana, sur la Veta-Madre de Guana-

Fig. 34. — Vue du district argentifère de Georgetown (État de Colorado).

juato, qui de 1768 à 1810, c'est-à-dire pendant quarante-deux ans, produisit annuellement plus de 7 millions de francs, et transforma tout à coup le modeste *señor* Obregon, l'heureux propriétaire de cette mine, en comte de Valenciana, le plus riche des hommes de son temps. Citons encore la mine de Real del Monte, également sur la Veta-Madre, qui fournit en douze ans, de 1759 à 1771, à don Pedro Torreros, depuis comte de Regla, la somme nette de 30 millions de francs. Valenciana et Real del Monte sont aujourd'hui remplies d'eau ; elles ont commencé à péricliter lors de la guerre de l'indépendance, allumée dans toutes les colonies hispano-américaines à la suite de la conquête de l'Espagne par Napoléon. A diverses reprises, des compagnies anglaises ont tenté vainement de reprendre ces mines ; elles ont été plus heureuses sur d'autres points.

Jamais, à aucune époque, les mines du Mexique n'ont chômé entièrement. Jamais non plus elles n'ont complétement adopté, commes celles de Californie et de Nevada l'ont fait si vite, les méthodes d'exploitation européennes, si avancées, si perfectionnées. Au Mexique on descend encore dans les mines par une sorte d'échelle rustique, taillée, au moyen d'encoches, dans un tronc d'arbre (fig. 35, frontispice); au Mexique, on s'éclaire toujours, dans les travaux souterrains, avec des chandelles fichées dans un morceau de bois, à l'une des extrémités duquel est ménagée une entaille par où passe le luminaire; au Mexique enfin, on a longtemps condamné aux mines les Indiens, comme jadis les anciens faisaient des esclaves (fig. 36). Ce n'est pas que le mineur mexicain ne soit fier de son art, et ne se pare avec orgueil aux jours de fête de ses vêtements traditionnels, la culotte de cuir, la veste brodée d'argent, le *sombrero* aux larges bords, le *sarape* ou manteau de laine bariolé (fig. 37).

Les exemples des mineurs mexicains Obregon et Torreros, que l'on a cités comme s'étant subitement enrichis dans l'exploitation des mines d'argent, ne sont pas isolés. Les mineurs américains de Nevada, ou plutôt les détenteurs des actions minières, les Gould et Curry, les Austin. les Garrison, les Ralston et les Sharon, les Flood, O'Brien et Mackay, ont fait successivement, sur le seul filon de Comstock, des fortunes de nababs, qui souvent n'ont pas duré. Il en a été de même dans la plupart des mines de l'Amérique du Sud ; pas de jeu plus chanceux que celui de fouiller les mines d'argent, mais pas de jeu non plus auquel on s'adonne avec tant de passion et d'entrain.

Toute la chaîne des Andes, dans l'Amérique du Sud, est non moins riche que les sierras mexicaines et californiennes et que la chaîne des Montagnes-Rocheuses. On connait les mines légendaires du Pérou et de la Bolivie, entre autres Cerro de Pasco

Fig. 36. — Indiens condamnés aux mines dans la Sonora mexicaine.

et Potosi : celle-ci a donné en trois siècles, de

Fig. 37. — Mineurs mexicains en habits de gala.

1548 à 1842, six milliards de francs. Les mines de

Cerro de Pasco au Pérou, exploitées à plus de 4000 mètres de hauteur (fig. 38), sont toujours en activité. Elles donneraient encore plus de bénéfices, si le combustible n'y manquait pour la fusion du minerai, et si l'on avait mieux conduit les travaux, dont une partie est depuis longtemps inondée. Les ouvriers de ces mines sont des métis, sobres, vigoureux, infatigables. Parmi eux il faut citer le *baretero* ou piqueur et l'*apire* ou porteur de minerai (fig. 39 et 40). Au Chili, les mines d'argent, bien que découvertes plus tard qu'au Pérou et en Bolivie, sont non moins productives, entre autres celles de Chañarcillo et celles de Caracoles. Ces dernières, tout à coup rencontrées en 1870, ont amené dans cette petite république une de ces fièvres minières, une de ces courses folles comme les États-Unis en ont tant vu depuis trente ans.

Les mines de Chañarcillo ont été découvertes au Chili en 1831, par hasard, comme il arrive presque toujours en ces sortes de choses. Ce fut un chasseur de vigognes qui les trouva sur son chemin. Deux pauvres âniers, les frères Bolados, accourus pour profiter de cette découverte, mirent à leur tour la main sur un filon inattendu, dont ils retirèrent, en moins de deux ans, 700,000 piastres ou 5 millions et demi de francs. Ils perdirent dans le jeu, la dissipation, l'orgie, ces bénéfices sur lesquels ils ne comptaient point, et, leur mine s'étant épuisée tout à coup, se

Fig. 38. — Vue des mines d'argent de Cerro de Pasco au Pérou.

trouvèrent un beau matin plus pauvres encore

Fig. 39. — Baretero ou mineur péruvien.

qu'auparavant : ils n'avaient plus même leurs ânes !

Les mines des Andes péruviennes étaient exploitées par les Incas avant l'arrivée des Espagnols; mais les indigènes ne connaissaient pas l'amalgamation, et, comme les Mexicains, traitaient leurs minerais d'argent par le feu, dans de petits fourneaux qu'ils avaient construits au sommet des montagnes. Les courants d'air activaient le foyer, comme des soufflets naturels. On voit encore aujourd'hui les ruines de ces fourneaux, et l'on en peut ramasser les scories, qui contiennent toujours une certaine quantité d'argent. Les procédés métallurgiques de ces peuples primitifs, qui ne savaient rien de la chimie, étaient assurément fort peu avancés.

Aujourd'hui ces mines sont exploitées par des procédés plus perfectionnés, mais encore quelque peu en retard, quand on les compare aux méthodes hardies des Américains du Nord, par exemple sur le filon de Nevada. L'Hispano-Américain est ici ce que nous l'avons déjà vu en Californie, travailleur sérieux, mais peu pressé, aimant à prendre ses aises, très-sobre en même temps, vivant d'un peu de *charqui*, viande salée, de figues sèches, de pain. Avec la *coca*, une feuille végétale astringente qu'il mâche, et sa cigarette, le voilà content. Il a un costume, des outils, des procédés à lui; il ne demande pas à en changer : cela dure depuis la conquête, depuis trois siècles et demi. Nous avons déjà dit un mot du mineur du Pérou, celui du Chili est le

Fig 40. — Apire ou monteur de minerai au Pérou.

même, non moins rompu à la fatigue, non moins patient et courageux (fig. 41 et 42).

L'Europe est après l'Amérique le pays le plus

Fig. 41. — Mineur chilien de Chañarcillo.

riche en mines d'argent. L'Espagne, pendant toute l'antiquité, fut une petite Amérique. Les Phéniciens, les Carthaginois, exploitèrent les mines de plomb argentifère de Malaga et de Carthagène. On voit encore sur ces mines « le puits d'Annibal ». Les Ro-

Fig. 42. — Porteurs de minerai dans les mines du Chili.

mains, les Mores, continuèrent avec succès ces recherches. Aujourd'hui, on retrouve là une race de

travailleurs aguerris (fig. 43), digne pendant de ceux de l'antiquité et de ceux de l'Amérique espagnole, qu'elle a contribué à former.

Fig. 43. — Mineurs espagnols des Alpujarras (province de Grenade).

Les Grecs, surtout au temps de Périclès, cultivèrent les mines d'argent de l'Attique, qui furent longtemps très-fécondes, et fournirent à la république d'Athènes une partie de l'argent dont elle avait besoin pour son administration et pour ses guerres. Les fameuses mines du Laurium, à la pointe du cap Sunium, retrouvées à notre époque,

Fig. 44. — Criblage des minerais de plomb argentifère en Sardaigne.

atteignirent sous Périclès leur période d'exploitation à la fois la plus active et la plus fructueuse. Que de millions cependant sont restés dans les déblais des mines, les scories des fourneaux, et qu'on a récemment retirés !

Sous les Romains, on citait les mines d'argent de

Fig. 45. — Mineur saxon de Freyberg, en tenue de travail.

la Macédoine, de la Gaule. Celles de la Sardaigne étaient aussi exploitées, et ont été reprises de nos jours. Les déblais de tous les anciens travaux, les galeries inondées, les excavations en grande partie éboulées, et les scories ou résidus de la fusion, quelquefois les ruines des anciens fours eux-mêmes, se retrouvent çà et là sur la plupart des gisements, dont quelques-uns ont vu des séries successives de civilisations passer et disparaître tour à tour. Les Étrusques, avant les Romains, fouillèrent les mines italiennes; mais quand les Romains eurent conquis le monde, une loi du sénat défendit l'attaque des mines de la Péninsule, sans doute pour favoriser l'agriculture locale, et réserver pour l'avenir les richesses souterraines du sol national. Au moyen âge, ces mines furent reprises. On retrouve les Pisans, les Génois, sur celles de la Sardaigne, et les petites républiques de Massa-Marittima, de Lucques, de Sienne, de Florence, sur celles de l'Étrurie. Dans les mines de Sardaigne, on exploitait surtout la galène ou plomb argentifère. Là encore, comme au Laurium, et avant même d'aller au Laurium, on a eu l'idée de refondre les scories provenant d'une fusion incomplète, et l'on en a retiré de l'argent par millions. Précédemment, les mines avaient été aussi reprises. Le minerai est enrichi par des criblages et des lavages qu'opèrent les rudes mineurs du pays. Hommes et femmes sont attachés à cette opération (fig. 44).

C'est avec une partie de l'argent des mines sardes

Fig. 46. — Capitaine des mines de Saxe en grande tenue.

et toscanes que les banquiers et les marchands florentins payaient leurs comptes, et que la monnaie des divers États de la Péninsule était frappée. L'or était rare, et c'était surtout la monnaie d'argent qui circulait. C'est pourquoi on appelait quelquefois les banquiers des argentiers. Jacques Cœur, argentier du roi de France Charles VII, était un des plus riches banquiers de son temps. Il s'était enrichi dans l'exploitation des mines d'argent du Lyonnais.

La Norvége, avec ses mines d'argent natif de Kongsberg, a été de tout temps renommée. L'Allemagne, pendant tout le moyen âge, fut aussi célèbre par ses mines d'argent. Les mines du Harz, de la Saxe, de la Bohême, celles de la Transylvanie, de la Hongrie, de la Carinthie, étaient dès lors exploitées, et ce furent même des mineurs et des fondeurs allemands qui enseignèrent aux Italiens, qui en avaient perdu la tradition, l'art des mines et de la métallurgie. En Hongrie, en Transylvanie, nous l'avons déjà fait remarquer à propos de l'exploitation des gisements d'or, les mineurs sont restés fidèles aux vieilles coutumes, aux traditions, aux uniformes du passé. Il en est de même dans le Harz et la Saxe, où les mineurs forment une corporation antique, qui a ses règlements, ses méthodes de travail, ses habitudes, ses routines. Les vieilles insignes du métier, le pic et la masse en sautoir, y sont affichées avec orgueil, sur la ceinture ou le béret de cuir, et le capitaine des mines saxonnes, aux jours de gala, porte comme un bâton de commandement le marteau et la hache de mineur (fig. 45 et 46). Dans les chantiers souterrains, qui atteignent aujourd'hui à plus de 850 mètres (il n'y en a guère de plus profonds sur le globe), on descend par de longues échelles ou des engins mécaniques oscillants, et sur les gradins ouverts dans la masse du filon les ouvriers travaillent à deux avec la longue barre à mine (fig. 47 et 48).

Au seizième siècle, les banquiers des villes hanséatiques, les fameux Fugger d'Augsbourg, les Rothschild de ce temps-là, amassaient dans leurs coffres les lingots tirés des mines allemandes, et une partie de cet argent s'en allait finalement dans l'Inde et la Chine, pour solder les produits de ces pays. Une fois dans l'extrême Orient, l'argent n'en revenait plus. Ce phénomène économique, qui existe encore à notre époque, a été relevé de toute antiquité, et Pline appelle déjà l'extrême Asie « le puits de l'argent », c'est-à-dire la fosse où va s'enterrer le blanc métal. En Chine, même aujourd'hui, on préfère à tout mode de payement de bons et gros lingots d'argent, revêtus du signe de l'essayeur européen ; cela suffit aux marchands du Céleste-Empire, qui se défient de l'or. Il en est de même chez les Japonais et les Hindous.

Pline estimait à 100 millions de sesterces, environ

Fig. 47. — Descente dans les mines du Harz par le puits aux échelles.

20 millions de francs, la quantité annuelle d'argent ainsi versée d'Europe en Asie.

Humboldt, au commencement de ce siècle, l'évaluait à 25 millions de piastres espagnoles, soit un peu plus de 125 millions de francs.

Au temps où l'Espagne possédait l'Amérique, c'étaient les galions des Philippines qui venaient, à travers le Pacifique, charger l'argent des mines mexicaines, à Acapulco, en retour des épices qu'ils y apportaient. Aujourd'hui, ce sont des steamers, principalement anglais, qui prennent au passage les barres et les lingots de métal au Mexique, au Chili, en Bolivie, au Pérou, et qui les déposent à Panama. Par le chemin de fer interocéanique, les lingots vont ensuite se rembarquer à Colon ou Aspinwall, le port de l'isthme sur l'Atlantique, et de là ils gagnent surtout Londres, le premier marché monétaire du globe. Souvent ils ne font qu'y toucher, et regagnent immédiatement l'Inde ou la Chine, en passant par le canal de Suez. Les deux grands isthmes, celui de Panama et celui de Suez, marquent ainsi comme les deux principales étapes du voyage de l'argent à travers le globe. Ce sont aussi les deux étapes du voyage de l'or, celui de Californie, qui va des rives du Pacifique à New-York, Londres ou Paris, par l'isthme de Panama, et celui d'Australie et de la Nouvelle-Zélande, qui prend la voie du canal de Suez, pour s'en aller surtout à

Londres, d'où il se répand ensuite sur les principales places européennes. Il est intéressant de suivre les deux métaux précieux dans leurs pérégrinations à travers le monde, et de se dire que, sans eux, la monnaie, c'est-à dire la base la plus certaine des échanges, n'existerait pas, et qu'il n'y aurait, par conséquent, ni commerce, ni industrie et par suite aucune civilisation. Si notre époque est si remarquable par les progrès surprenants qu'elle a faits en toutes choses, elle le doit surtout à l'étonnante production des mines d'or et d'argent depuis un quart de siècle. Sans cette production incessante, sans cette sorte de pluie métallique bienfaisante qui a inondé le monde, que de progrès seraient encore à naître, et combien de ces merveilles, de ces conquêtes de l'industrie que nous admirons tant, n'auraient jamais pu se produire!

Pour bien se rendre compte du rôle que jouent l'or et l'argent dans la marche de la civilisation et dans les progrès de tout ordre que réalise l'humanité, surtout les progrès matériels, il faut jeter un coup d'œil en arrière et dresser comme une statistique de la production générale des deux métaux.

M. Michel Chevalier a calculé que de l'an 1500, époque où les premières mines américaines entrent en exploitation, à l'an 1848, époque où furent découverts les placers de Californie, l'Amérique avait

Fig. 48. — Travail à deux mineurs sur un filon argentifère du Harz.

produit 37 milliards 131 millions de francs, dont 27 milliards 231 millions en argent et 9 milliards 900 millions en or, ainsi répartis dans le tableau ci-dessous, où la production est donnée en milliards de francs :

PAYS.	ARGENT.	OR.	TOTAL.
Mexique.	14	1,400	15,400
Pérou et Bolivi	13	1	14
Chili.	0,231	0,900	1,131
Nouvelle-Grenade.	»	2	2
Brésil.	»	4,600	4,600
Totaux en milliards. .	27,231	9,900	37,131

Au moment de la découverte de la Californie, en 1848, la production de l'Amérique était annuellement d'un peu plus de 200 millions de francs, dont les trois quarts en argent, ainsi qu'il suit au tableau ci-dessous, où les millions sont pris comme unités :

PAYS.	ARGENT.	OR.	TOTAL.
États-Unis.	»	6,2	6,2
Mexique.	102,5	12,7	125,2
Nouvelle-Grenade.	1	17	18
Pérou.	33,4	2,6	36
Bolivie.	11,6	1,5	13,1
Brésil.	»	8,7	8,7
Chili.	7,5	3,6	11,1
Totaux en millions. .	156	52,3	208,3

Dix-sept ans après, en 1865, la production de l'Amérique avait presque doublé, grâce surtout à l'extraction en or et en argent de la Californie et du Nevada, et les quantités totales d'or et d'argent produites par tous les États américains étaient sensiblement les mêmes, comme on le voit par le tableau qui suit, où la production est évaluée en millions de francs :

PAYS.	ARGENT.	OR.	TOTAL.
États-Unis..........	92,9	227,3	320,2
Mexique...........	103,4	14,5	117,9
Nouvelle-Grenade......	2,3	17,2	18,5
Pérou...........	28,9	4,1	33
Bolivie..........	13,3	2,1	15,4
Brésil...........	»	10,3	10,3
Chili...........	18,9	4,1	23
Autres États américains...	5,6	3,6	9,2
Totaux en millions...	264,3	283,2	547,5

En 1876, on pouvait estimer à près de 1 milliard la quantité d'or et d'argent fournie par le globe, ainsi qu'il est indiqué au tableau ci-après, où la production est donnée en millions de francs :

PAYS.	ARGENT.	OR.	TOTAL.
Amérique du Nord......	360	125	425
Amérique du Sud.....	70	50	120
Australasie.........	1	200	201
Sibérie..........	4	100	104
Autres contrées (Europe, Afrique, Inde, Chine, Japon, etc.).........	80	55	135
Totaux en millions..	455	530	985

Il est bien difficile d'évaluer la quantité d'or et

d'argent produite par la Chine et le Japon, et celle d'or qui provient de l'Afrique, de l'Inde, des archipels de la Sonde et des Philippines. Nous n'avons pas compté plus de 100 millions pour le total. Quelques-uns le portent au delà de 300; mais, selon nous, l'exagèrent de beaucoup.

Au commencement du dix-neuvième siècle, la quantité totale d'or et d'argent versée annuellement sur le globe était, selon quelques économistes, de 279 millions, dont 226 provenaient des deux Amériques, et en 1848, de 462, dont 208, nous l'avons vu, étaient fournis par le Nouveau Monde. En moins d'un demi-siècle, la production totale avait doublé. Aujourd'hui, depuis un quart de siècle à peine, elle a quadruplé, et l'or a d'abord été beaucoup plus abondant que l'argent, tandis que le second avait jusque-là absolument prédominé. Maintenant il y a parité entre les apports de l'un et de l'autre métal; mais l'équilibre est toujours instable, et nul ne peut dire dans quel sens il sera dérangé demain.

De 1848 à 1876, on calcule que le globe entier a produit 30 milliards de francs en or et en argent, somme sur laquelle les États-Unis, pour leur seule part, ont concouru au moins pour un tiers.

De 1860 à 1876, les mines d'argent de Nevada ont dû produire 1 milliard et demi; et de 1848 à 1876, les mines d'or de la Californie près de 8 milliards.

Quant au tableau de la production totale de l'or et de l'argent aux États-Unis depuis la découverte des placers de Californie jusqu'à 1875, voici comment l'établit le Bureau fédéral de statistique :

ANNÉES.	OR.	ARGENT.	TOTAL.
	Millions de doll.	Millions de doll.	Millions de doll.
1849-51. . . .	94,0	»	94,00
1852-56. . . .	350,8	»	350,80
1857-58. . . .	131,9	»	131,90
1859-63. . . .	268,3	18,30	286,60
1864-68. . . .	207,4	69,30	276,70
1869	49,5	13,00	62,50
1870	50,5	16,00	66,50
1871	43,5	22,00	65,50
1872	36,0	25,75	61,75
1873	36,0	35,75	71,75
1874	30,6	41,80	72,40
1875	25,5	56,40	81,90
Totaux. . .	1,324,0	298,30	1,622,30

Soit, en comptant le dollar à 5 francs, une somme totale de 8 milliards 111 millions de francs, produite en 27 ans par les seuls États et territoires de l'Amérique du Nord situés à l'ouest du Missouri, c'est-à-dire entre les Montagnes-Rocheuses et le Pacifique.

Que si l'on veut maintenant avoir le tableau détaillé de la production de l'or et de l'argent aux États-Unis pendant l'année 1875, la dernière dont les chiffres sont officiellement connus, voici, d'après le même bureau de statistique, comment il peut s'établir :

ÉTATS OU TERRITOIRES.	OR.	ARGENT.
Californie.	84,400,000 fr.	7,400,000 fr.
Nevada.	1,000,000	208,400,000
Orégon	6,000,000	»
Washington	400,000	»
Idaho.	6,600,000	1,200,000
Montana.	14,000,000	4,400,000
Wyoming	500,000	»
Utah..	250,000	29,200,000
Arizona.	100,000	400,000
Colorado..	13,600,000	19,000,000
Nouveau-Mexique.	350,000	12,100,000
Totaux.	127,200,000	282,100,000

Total général. . . 409,300,000 fr.

En ajoutant aux États ci-dessus la Colombie britannique, qui fait partie du Dominion de Canada, et qui a produit en 1875 une somme de 9 millions 200,000 francs d'or, on arrive à une somme totale de 418 millions 500,000 francs d'or et d'argent, fournie par les seules provinces de l'Amérique du Nord comprises entre les Montagnes-Rocheuses et l'océan Pacifique.

Pour compléter ces données, il nous reste à fournir le tableau de la production séparée de l'or et de l'argent sur le globe pendant un certain nombre d'années. Voici comment, dans le *Journal officiel de la République française* du 16 juin 1876, un rapport soumis à la Chambre des députés présentait ce tableau pour l'espace de temps compris entre les années 1852 et 1875 :

ANNÉES.	OR.	ARGENT.
1852. . . .	912 millions de fr.	202 millions de fr.
1853. . . .	775	203
1854. . . .	635	202
1855. . . .	675	203
1856. . . .	738	202
1857. . . .	666	203
1858. . . .	622	202
1859. . . .	623	203
1860. . . .	595	202
1861. . . .	557	213
1862. . . .	537	225
1863. . . .	535	245
1864. . . .	565	257
1865. . . .	600	260
1866. . . .	605	253
1867. . . .	580	270
1868. . . .	600	250
1869. . . .	605	237
1870. . . .	580	258
1871 . . .	580	303
1872. . . .	575	325
1873. . . .	518	350
1874. . . .	452	357
1875. . . .	488	403
Totaux. .	14,618	6,030

Total général : 20,648 millions de francs.

Nous avons tout lieu de regarder la plupart des chiffres ci-dessus comme étant plutôt inférieurs que supérieurs aux chiffres vrais ; quelques-uns même, comme ceux afférents à l'argent jusqu'en 1860, nous paraissent dressés capricieusement.

Les statistiques sont quelquefois trompeuses, et il ne faut pas tirer trop de conséquences des chiffres accumulés. Ici, nous ne les avons abordés qu'avec réserve et par grandes masses à la fois, de sorte que les erreurs de détail ont été pour la plupart noyées dans les résultats de l'ensemble. Que ressort-il de tout ce qu'on vient de dire, des millions et des milliards que l'on vient d'aligner? Il ressort principalement ce fait, c'est que la Californie à elle seule a produit en moins de vingt ans, de 1848 à aujourd'hui, presque autant d'or qu'on en avait extrait de l'Amérique en trois siècles et demi, de 1500 à 1848. Il en est de même de l'Australie; car cette riche province a marché chaque année du même pas que la Californie dans la production de l'or. L'encaisse métallique du globe, que l'on estimait déjà à plus de 60 milliards il y a dix ans, a ainsi augmenté considérablement depuis un quart de siècle; et cela explique ce que nous avons déjà dit, comment cet afflux d'or et d'argent, cette pluie abondante de métaux précieux, a facilité partout les affaires, donné partout un si grand essor à toutes les entreprises contemporaines : création de chemins de fer, de canaux, de grandes lignes de steamers, de grandes lignes télégraphiques, percements d'isthmes ou de montagnes, exploitations industrielles gigantesques, toutes choses que l'esprit humain n'aurait osé concevoir ni exécuter, s'il n'avait pas eu à sa disposition le nerf de ces sortes d'affaires, l'or et l'argent, sans lesquels aucune entreprise de ce monde ne peut être menée à bonne fin. Ajoutons que le bien-être a partout pénétré, et que les masses populaires sont aujourd'hui relativement plus heureuses qu'elles ne l'étaient jadis. Toutes ces pacifiques conquêtes, on ne saurait trop le redire, sont dues principalement à la plus grande abondance de l'or et de l'argent, qui sera un des traits distinctifs de l'histoire économique de notre époque.

VIII

LA MONNAIE

Propriétés particulières de l'or et de l'argent. — Valeur absolue et relative. — Le rapport entre les deux métaux est variable. — Baisse de l'argent. — Querelle des deux étalons. — La monnaie universelle. — La fabrication des monnaies. — La monnaie chez les Grecs, les Romains, au moyen âge. — La monnaie au marteau et au balancier, — Monnayage à la presse monétaire. — Fusion, coulée, ébarbage, laminage, réchauffage, découpage, cordonnage, recuit, blanchiment, frappe. — La monnaie française. — Quantité frappée depuis 1795. — La lettre monétaire, la marque et le différent.

Le principal caractère de l'or et de l'argent est de servir de monnaie, d'être un élément représentatif, non-seulement un signe, mais encore un équivalent des valeurs. C'est une marchandise à laquelle on rapporte toutes les autres, une mesure, une sorte de dénominateur commun qui sert à les apprécier toutes, et cela a eu lieu de tout temps, et l'on ne saurait rencontrer un autre corps dans la nature qui puisse pour cet usage suppléer à ces deux-là.

Sans la monnaie, le commerce n'est qu'une troque, c'est-à-dire un échange d'un objet contre un autre, comme cela se pratique encore dans les pays sauvages. C'est donc la monnaie qui, véritablement, a donné naissance au commerce, ou plutôt qui est née avec lui et lui a imprimé tout son essor. Aristote, dans sa *Politique*, définit très-bien ce rôle de la monnaie, quand il dit que c'est « une marchandise intermédiaire destinée à faciliter l'échange de deux autres ». Xénophon, à son tour, dans son *Essai sur le revenu de l'Attique*, remarque fort sensément que, « de tous les articles de commerce, l'argent est le plus sûr et le plus commode, attendu qu'il est reçu en tout pays, et qu'on peut toujours s'en défaire. »

Pourquoi cette propriété particulière à l'or et à l'argent, et ne saurait-on trouver d'autres corps naturels qui les remplacent dans cette fonction? Il est inutile de chercher, et le diamant lui-même ne saurait remplacer l'or et l'argent. Outre que le diamant n'a pas toujours, suivant les échantillons qu'on en examine, la même pureté, la même limpidité, le même éclat, la même couleur, la même texture, il varie encore considérablement de prix, non-seulement suivant les temps et les lieux, mais encore suivant sa grosseur. On sait que la valeur du carat augmente comme le carré du carat, c'est-à-dire qu'un diamant de deux carats, par exemple, vaut quatre fois plus qu'un diamant d'un carat, et un de trois carats neuf fois plus. Tout cela n'est pas simple, facile à saisir, exige des pesées et des discussions préliminaires. A plus forte raison si l'on proposait le tabac, le coton, le cuir, le riz, le fer ou tout autre marchandise, comme base de la valeur des autres produits et signe représentatif des échanges. Ici, l'on aurait de plus l'inconvénient de masses très-volumineuses pour une valeur relativement assez faible. Si les premiers hommes, en quelques pays, se sont servis de rondelles de cuir ou de fer, voire de lingots de cuivre, comme monnaie, c'est qu'ils n'avaient pas l'or et l'argent en quantité suffisante, et si, aujourd'hui encore, sur les côtes occidentales de l'Afrique, on se sert de certains coquillages de la mer des Indes ou cauris, dont un cent représente une assez minime valeur, c'est plutôt pour satisfaire à une coutume traditionnelle chez les tribus nègres de ces parages et par là simplifier pour ainsi dire les échanges avec ces tribus, que pour trouver à l'or et l'argent des remplaçants naturels, car ceux-ci n'existent pas.

La monnaie se disait en latin *pecunia*. Les étymologistes font venir ce mot de *pecus*, troupeau. Les premiers peuples ayant passé par la vie pastorale avant d'être agriculteurs, il se pourrait, en effet, comme on le voit dans Homère, que les troupeaux aient d'abord servi de monnaie. Plus on avait de bœufs ou de moutons et plus on était riche, et le bœuf ou le mouton était l'unité de monnaie. Ceci seul nous démontre le vice du système. L'unité était variable, et partant ce n'en était pas une. C'est pourquoi d'autres prétendent, avec Pline, que le mot *pecunia* vient plutôt de ce qu'on gravait primitivement sur les pièces de métal une figure de bœuf ou de mouton. Quelques-uns veulent enfin que l'on ait parfois employé comme monnaie des rondelles de cuir, mais c'était sans doute dans ce cas une monnaie de convention, et non une monnaie réelle.

Si l'or et l'argent ont de tout temps servi de monnaie à tous les peuples civilisés, ils le doivent essentiellement à leurs propriétés physiques. Ils sont monnaie par droit de naissance, et en quelque sorte par droit divin. La nature semble les avoir spécialement créés pour cela. Comme l'a dit très-bien M. Cernuschi dans une de ses polémiques récentes à ce sujet :

« L'or et l'argent sont deux monnaies naturelles et éternelles. Personne ne peut en produire artificiellement ni par décret, et c'est en quoi gît leur meilleure garantie.

« Nul ne peut faire que tout l'or existant, ou que tout l'argent existant ne soit identique partout et dans tous les lingots, avant comme après la frappe.

« Toute la masse actuelle du métal est monnaie, et toute la masse future sera monnaie.

« Toute parcelle de métal vaut autant que toute autre parcelle du même métal de mêmes titre et poids[1]. »

C'est à ces propriétés et à d'autres que l'on va énumérer que l'or et l'argent doivent de servir de monnaie.

Physiquement, ils sont chacun d'une couleur qui les rend immédiatement reconnaissables et d'un poids lourd, c'est-à-dire que sous un petit volume il y en a une grande quantité. Un seul corps est un peu plus lourd que l'or, c'est le platine. Quant à l'argent, il est presque aussi lourd que le plomb, c'est tout dire.

En outre, l'or et l'argent sont divisibles, c'est-à-dire qu'ils peuvent aisément se partager en fractions très-petites, et que toutes ces parties sont de composition identique et de tous points analogue à celle de la masse ; de plus, ils sont malléables, c'est à-dire peuvent s'étendre sans se rompre sous le marteau ou le laminoir, et recevoir facilement une empreinte ; mais ils sont sujets à s'user par le frottement, manquent de dureté, et c'est pourquoi on est obligé, quand on les emploie à l'état de monnaie, de les allier au cuivre qui les rend plus durs et aptes à résister à la circulation. On ajoute pour cela, en France, un dixième de cuivre dans les monnaies.

[1] *Or et Argent,* par H. Cernuschi ; Paris, Guillaumin, 1874.

Chimiquement, les deux métaux sont chacun un corps simple, c'est-à-dire indécomposable par tous les agents de réduction connus, le feu, les acides, les alcalis. De plus, l'or est inoxydable, insoluble dans tous les acides, sauf un mélange d'acide azotique et chlorhydrique qu'il faut faire exprès, et qui doit à cette propriété le nom spécial d'*eau régale*, que lui donnèrent les alchimistes, parce qu'elle dissout le *roi* des métaux. L'argent est très-peu oxydable, mais l'hydrogène sulfuré l'entame sensiblement, le noircit; la patine qui couvre l'argenterie, quand on ne la soigne pas, vient de là : c'est l'hydrogène sulfuré répandu dans l'air qui attaque peu à peu le métal. Les œufs gâtés, les eaux sulfureuses, les champignons vénéneux agissent sur l'argent de la même façon. En outre, l'argent est soluble dans tous les acides minéraux. C'est sur cette propriété, nous l'avons vu, qu'est fondée, dans les usines d'affinage, la séparation de l'or et de l'argent, si volontiers alliés entre eux dans la nature. En dissolvant dans l'acide sulfurique un alliage d'or et d'argent, l'argent se dissout, l'or reste inattaqué. L'argent est inattaquable par les acides végétaux, et c'est pourquoi on se sert volontiers de couteaux d'argent pour couper les fruits.

Géologiquement, les minerais d'or et d'argent sont rares, et la nature a produit relativement peu de ces deux métaux. Les mines sont isolées, lointaines, difficilement accessibles, confinées seulement dans quelques districts. Il n'est donc pas à craindre que le monde entier arrive un jour à être inondé des deux métaux, et que l'harmonie économique de ce globe en soit troublée.

Il y a mieux, l'or et l'argent, comme toute marchandise, et sauf quelques cas exceptionnels de trouvailles fortuites et très-riches, coûtent à très-peu près ce qu'ils valent. Je m'explique : quand la Californie, en l'année 1860 par exemple, produisait 300 millions de francs, cette somme représentait le travail des 80 000 mineurs des placers et des mines de quartz, occupés environ 250 jours par an, et gagnant l'un dans l'autre 15 francs par jour, qui étaient le salaire moyen de ce temps-là.

Il en est de même pour l'argent, sauf bien entendu les mêmes cas de trouvailles inespérées, qui peuvent rendre le mineur millionnaire entre matin et soir; mais ici, comme partout, l'exception ne saurait être donnée pour règle.

Enfin, commercialement, les deux métaux ont chacun une grande valeur, c'est-à-dire valent beaucoup sous un très-petit volume, et, par conséquent, sous un poids restreint. L'argent monnayé vaut généralement 200 francs le kilogramme, et l'or 3100 francs. Il est peu de matières, telles que le diamant, qui valent plus que l'or.

Le rapport de 1 à 15 1/2 qui marque aujourd'hui

la valeur relative de l'argent et de l'or, a été décrété en France avec l'établissement du système métrique, et a depuis été accepté par toutes les nations civilisées, sauf de très-légères variations. La France, qui l'a mis en usage depuis quatre-vingts ans, est un des pays dont le système monétaire est des mieux tenus et sujet aux moindres fluctuations, si bien que quelques économistes, comme M. Cernuschi, ont pensé à demander que l'on reconnût désormais l'immuabilité de ce rapport de 1 à 15 1/2 et que l'adoption en fût proclamée par tous les peuples civilisés. C'est ce que le vaillant champion de l'or et de l'argent appelle, dans son langage pittoresque, « le 15 1/2 universel ». De cette manière, on parerait, croit-il, à toute révolution monétaire, à toute secousse sur les marchés financiers. C'est peut-être trop demander et trop affirmer. L'or et l'argent sont loin d'avoir présenté de tout temps ce même rapport. Il est même des historiens qui prétendent qu'en quelques pays l'argent a valu un jour plus que l'or. Ce sont, avant tout, des marchandises, ne l'oublions pas, et comme tels ils sont sujets à toutes les variations de l'offre et de la demande, c'est-à-dire augmentent naturellement de prix, si l'acheteur en demande plus qu'il n'y en a sur le marché, et baissent au contraire, si le vendeur en propose une plus grande quantité que l'acheteur n'en a besoin. Cette grande loi économique ne saurait fléchir, même à propos des deux métaux précieux, et ce serait vouloir mettre en défaut l'ordre naturel des choses, que de supposer le contraire, et décréter un rapport immuable des deux métaux. Il est de même erroné de penser que l'or et l'argent n'ont par eux-mêmes que la valeur nominale que les hommes leur donnent, et ne représentent pas réellement, comme toute autre marchandise, la somme d'efforts, la quantité de travail qu'ils ont coûtés.

En 1876, l'argent a considérablement baissé de prix, et il a valu jusqu'à 12, 15 et même 19 pour 100 au-dessous du cours normal. Pourquoi? Pour plusieurs raisons des plus simples. D'abord, parce que les mines de l'État de Nevada ont tout à coup produit une plus grande quantité d'argent, et l'on sait que ces mines étaient déjà les plus fécondes du globe. Ensuite, parce que certains États, comme l'Allemagne, ont en quelque sorte démonétisé l'argent, et décrété qu'il ne serait plus reçu désormais dans les payements qu'à l'état de monnaie de billon et d'appoint, par conséquent pour une somme minime. Ce qu'on craignait, c'est que la dépréciation de l'argent n'amenât le débiteur à payer de préférence avec cette monnaie pour bénéficier du change; la baisse troublait assez d'autres marchés. C'est pourquoi les États composant ce qu'on a nommé l'union monétaire latine, la France, la Belgique, l'Italie, la Suisse, la Grèce, ont convenu d'un commun accord de réduire la frappe des monnaies d'argent, et de diminuer la somme des pièces de cinq francs que chacune pouvait légalement émettre chaque année. Pour 1876, la France n'a ainsi frappé que 54 millions, l'Italie 36, la Belgique 10 800 000 fr., la Suisse 7 200 000, la Grèce 12 millions; total 120 millions, au lieu de 150, émis en 1875. Enfin, il y a des États comme la Russie, l'Italie, les États-Unis, l'Autriche, où domine le papier-monnaie, où l'or et l'argent n'existent plus à l'état de monnaie courante légale, ce qui diminue l'emploi de l'argent pour des sommes équivalentes à des milliards, et tend à en faire baisser la valeur. Tous ces motifs et d'autres encore ont concouru à provoquer cette baisse de l'argent qui a effrayé un moment les financiers en 1876, et qui s'expliquait cependant par des raisons si naturelles. La preuve en est que, dès que les États-Unis ont décidé de remplacer leurs petites coupures de papier par de la monnaie d'argent et de revenir plus tard entièrement aux payements en espèces, cette décision a suffi pour faire hausser la valeur de l'argent, qui aujourd'hui (mai 1877) ne perd plus que 9 pour cent sur le prix de l'or. Dans tout cela, d'ailleurs, il n'est question que de l'argent en barres, car la pièce de 5 francs a toujours circulé au pair, même au temps de la plus forte baisse, qui fut atteinte à Paris et à Londres au mois de juillet 1876 (voir chapitre IX). Il est juste d'ajouter aussi que les mines de Nevada, dès la fin de 1876, ont vu diminuer quelque peu leur production exubérante.

En présence de l'abondance de plus en plus croissante de l'argent, certains économistes demandent qu'en France ce métal soit déclaré déchu de son titre de monnaie légale, et ne soit plus regardé que comme une monnaie de billon, c'est-à-dire d'appoint, comme par exemple le cuivre, le nickel et les petites coupures d'argent qui, depuis 1865, sont frappées à un titre inférieur à leur valeur nominale. Dans ce cas, la monnaie n'est plus reçue pour sa valeur propre, c'est-à-dire immédiatement échangeable, mais seulement pour la valeur qu'on est convenu de lui donner. On ne l'exporte plus, on n'en fait plus de lingots. Elle reste aux lieux d'origine, et sert uniquement, comme monnaie de convention, à faciliter les transactions quotidiennes. N'est-ce pas aller un peu loin que de frapper l'argent de ce discrédit? Pourquoi agir ainsi? parce que l'on craint que la valeur du métal diminue trop, et que les peuples qui en auront une trop grande quantité dans leurs caisses ne soient à un moment donné surpris et appauvris? Mais n'avait on pas dit la même chose pour l'or, en 1854, devant la production de plus en plus croissante et formidable de la Californie depuis six ans, de l'Australie depuis trois ans? De combien de malheurs ne menaçait-on pas les peuples qui ne démonétiseraient pas l'or, c'est-à-dire ne lui enlèveraient pas immédiatement son emploi de monnaie légale? M. Michel Chevalier, dont nous ne voulons nullement attaquer ici les hautes capacités économiques, était à la tête de cette campagne qu'il mena fort éloquemment. La Hollande écouta ses avis ; elle sait où cela l'a menée. L'argent alors faisait prime, aujourd'hui c'est lui qui perd, et les mêmes économistes, changeant leurs batteries, nous demandent maintenant de démonétiser l'argent. L'Allemagne les a écoutés et s'en trouve mal, dit-on. Le mieux semble être de ne rien faire, de laisser passer le courant, de laisser agir la nature. Si nous n'avions pas eu la monnaie d'argent à notre disposition, en 1871, nous aurions plus difficilement payé l'énorme tribut de cinq milliards sous lequel un impitoyable vainqueur croyait nous écraser.

Il faut toujours que les hommes discutent, et de tout temps « le monde a été livré à leurs querelles », comme dit le sage des livres saints. Au siècle dernier, en France, on vous demandait : « Êtes-vous moliniste, êtes-vous janséniste? » Si vous étiez indifférent, c'est-à-dire sensé, vous répondiez comme ce menuisier du temps de la Régence : « Moi, je suis ébéniste ! » Aujourd'hui on vous demande : « Êtes-vous pour l'étalon unique ou pour le double étalon ; êtes-vous pour l'or seul ou pour l'or et l'argent ; êtes-vous monométalliste ou bimétalliste ? » Et il faut se prononcer pour l'un ou l'autre camp, alors que la question semble s'embrouiller davantage à mesure qu'on cherche à l'élucider. MM. Michel Chevalier et de Paricu sont en France à la tête des partisans de l'étalon unique d'or. Le regretté M. Wolowski et M. Cernuschi ont toujours défendu le double étalon. M. Cernuschi, qui a introduit dans la discussion les termes assez malencontreux de monométallisme et de bimétallisme, dirait volontiers qu'il est polymétalliste. Il n'y a que deux métaux précieux, il voudrait qu'il y en eût davantage. La Russie vainement a essayé de donner droit de cité à la monnaie de platine, il le regrette ; plus il y aura de métaux adoptés comme monnaie, et mieux cela vaudra, plus les échanges seront aisés.

Il nous semble qu'en cela M. Cernuschi a raison. Proscrit-on la chandelle parce que la bougie a été inventée, et l'huile parce que le gaz existe et le pétrole aussi ? A-t-on frappé d'exclusion le bois et le charbon de bois, quand le charbon de pierre a été exploité ? Chaque chose répond à un besoin particulier. L'homme du monde préfère la pièce d'or, le paysan la grosse pièce de cent sous. Ne proscrivons ni l'une ni l'autre, et souhaitons qu'il y en ait le plus possible. Un financier nous disait un jour qu'il n'y aurait jamais assez d'or ni assez d'argent; que plus il y en avait, mieux le commerce marchait; plus les mines en extrayaient, et plus les affaires progressaient. Ce financier raisonnait juste.

Ceux qui sur la question des deux étalons nous opposent les idées de Locke, qui prétendait qu'il ne saurait y avoir deux métaux pris à la fois comme mesure des valeurs, parce qu'ils sont sujets à varier, nous paraissent, comme le philosophe anglais, faire une confusion. Il ne s'agit pas ici d'une mesure comme le pied ou le mètre, qui demeure éternellement la même. A vrai dire, il n'y a ni mesure, ni étalon. Les métaux varient sans cesse de prix, comme toutes les marchandises, et l'or et l'argent sont dans ce cas. On les a adoptés partout, d'un accord universel, pour commune mesure des valeurs, parce qu'ils varient moins que toute autre marchandise, mais ils varient d'une manière sensible avec le temps. Qu'il y ait un seul de ces métaux ou tous les deux à la fois adoptés comme monnaie, ces variations de prix n'en existent pas moins, peut-être même se font-elles moins sentir, quand les deux métaux interviennent ensemble dans les payements avec un égal pouvoir libérateur.

Ce que les gouvernements ont à faire de mieux, c'est d'intervenir le moins possible dans ces sortes de choses, nous dirions volontiers dans ces espèces de marchés ou de contrats, qui ne sont pas de leur ressort. Toutes les fois qu'ils ont essayé de toucher aux questions de monnaie, de banque, de prêt à intérêt, sauf pour les règles générales intéressant la communauté et qui certainement les regardent, ils ont eu la main malheureuse. « Le numéraire, a dit un économiste italien, Mengotti, est essentiellement rebelle aux ordres de la loi : il vient sans qu'on l'appelle, s'en va quoiqu'on l'arrête, sourd aux avances, insensible aux menaces, attiré seulement par l'appât des profits. » Que de fautes financières les rois du moyen âge auraient évitées, s'ils avaient seulement soupçonné ces vérités, et pressuré un peu moins les Juifs et les Lombards, ces grands changeurs, ces grands banquiers, dont ils avaient tant besoin eux-mêmes.

On nous dit que si nous faisons usage à la fois des deux métaux comme monnaie, l'or et l'argent, les États qui ont adopté uniquement l'or nous payeront en argent, si celui-ci baisse, et nous forceront à les payer en or; qu'en outre tout l'argent affluera chez nous comme une monnaie de rebut. Fort bien; mais si c'est l'argent qui vient à hausser, n'est-ce pas nous, à notre tour, qui profiterons de la hausse? D'ailleurs, dans la pratique, les choses se passent le plus souvent d'une manière différente de celle qu'indique la théorie.

En 1876, quand l'argent a éprouvé une baisse qui est allée jusqu'à 19 pour 100, assurément le marché de Londres, les marchés de l'Inde surtout, ont fait alors des pertes notables ; mais ces sortes de pertes sont comprises dans les aléas de toute affaire. Quant à nous, en France, le système des deux étalons ne nous a jusqu'à présent causé aucun trouble sensible ; bien plus, nous avons eu à nous féliciter d'avoir à notre disposition les deux métaux en même temps pour nous libérer sur les divers marchés.

Pour toutes ces raisons, il semble que l'on ne doive pas se montrer plus favorable à un décret de proscription de l'un des deux métaux, qu'à celui qui prononcerait l'immuabilité d'une équation entre eux, celle de 1 d'or, que M. Cernuschi propose aujourd'hui, contre 15 1/2 d'argent. Depuis la découverte de l'Amérique, la valeur de l'argent a presque toujours baissé. La valeur de ce métal était, eu égard à celle de l'or, à la fin du quinzième siècle, dans la proportion de 1 à 10 ; depuis elle est passée à 12, à 14, à 15 1/2, et nous l'avons vue un moment à 19 en 1876 ; elle est revenue aujourd'hui aux environs de 17 ; elle a été inférieure à 15 1/2 dans la décade de 1850 à 1860 (voir chapitre IX).

L'Angleterre, le Portugal, l'Allemagne, la Hollande, le Danemark, la Suède et la Norvége sont aujourd'hui les pays européens qui ont adopté ce qu'on nomme l'étalon d'or. Les pays qui composent l'union monétaire latine, la France, l'Italie, la Suisse, la Belgique, la Grèce, auxquels on peut virtuellement rattacher l'Espagne, sont restés fidèles au système dit du double étalon. En Russie, en Autriche, comme en Italie du reste, le système du papier-monnaie domine. Il en est de même aux États-Unis, où, en temps normal, c'est la monnaie d'or seule qui est reconnue comme légale. Dans les colonies hispano-américaines, on admet le double étalon. Quelques républiques du sud, comme la Bolivie, ont volontiers altéré leurs monnaies, et le commerce de ces contrées en a été frappé de discrédit. En Asie, le double étalon n'existe pas. Dans l'Inde, même depuis l'arrivée des Européens, domine seule la monnaie d'argent; de même en Chine, de temps immémorial, l'argent a seul un cours légal.

Que l'on admette un seul ou un double étalon, il faut essentiellement trois métaux comme monnaie, et les hommes n'ont le droit d'en proscrire aucun. L'or, comme le plus précieux, sert aux plus grands payements et à solder le prix des marchandises de plus haute valeur. L'argent est l'appoint naturel dans les payements par l'or, et l'État peut même, si, comme aujourd'hui, l'argent est sujet à une certaine dépréciation, limiter la somme qu'on sera tenu d'en recevoir dans les payements, par exemple 50 francs. Reste une dernière monnaie, celle de billon, qui est de bronze ou de nickel, qui n'intervient plus dans les payements pour sa valeur propre, mais seulement pour la valeur qu'on est convenu de lui donner, et qui ne sert à solder que les petits appoints des comptes et les petites dépenses domestiques quotidiennes.

De tout temps les hommes ont été loin de s'entendre sur la question monétaire, et celui qui rêve une monnaie universelle et métrique, le gramme d'or, par exemple, qui aurait cours entre toutes les nations civilisées, ne verra pas de sitôt se réaliser son utopie. Le commerce international de longtemps ne jouira pas de ce bienfait, et l'on verra la langue universelle, ce rêve d'autres philosophes, et la paix et la fraternité générales, que quelques philanthropes aussi réclament, fleurir à tout jamais entre les nations, avant que la monnaie universelle ait définitivement établi son règne ici-bas. Croit-on que les États-Unis renonceront de sitôt à leur dollar, les Anglais à leur shelling, les Allemands à leur marc? Ici, la variété vaut peut-être mieux que l'uniformité; c'est du moins ce que disent les banquiers, les changeurs, dont le rôle serait singulièrement effacé et les profits presque entièrement annihilés, le jour où il n'y aurait plus qu'une seule et même monnaie ayant cours sur toute la surface du globe.

Quand on aura une seule monnaie, une seule

langue, au moins pour les affaires, et la paix universelle par surcroît, ce jour-là le temple de Janus sera réellement fermé, les douanes et les frontières disparaîtront, et les peuples pourront former une sainte alliance et se donner la main, comme le poëte-chansonnier le leur conseillait naguère. Pour rendre la fête complète, il faudra couronner de rameaux d'olivier une locomotive, car cette pacifique messagère aura contribué plus qu'aucune autre à la communion des races, au libre essor des forces humaines, à la fraternelle harmonie entre les nations. Mais quand luira ce jour fortuné, ne sera-t-il pas venu si tard que la fin du monde sera bien proche?

Dans tous les pays et depuis les premiers temps de l'histoire, l'État s'est réservé le droit de battre monnaie. C'est en effet un droit qui lui incombe, même quand on considère l'État, à la façon des légistes modernes, comme représentant uniquement l'universalité des citoyens. Au moyen âge, le droit de frapper monnaie était une des prérogatives exclusives du pouvoir souverain; c'était un droit régalien, comme aussi celui d'exploiter les mines, surtout celles d'or et d'argent. Le souverain, comme il était presque partout d'usage de temps immémorial, mettait volontiers son effigie sur la monnaie, et en garantissait ainsi, en quelque sorte, le poids et le titre; mais beaucoup de souverains, entre autres Philippe le Bel en France, crurent pouvoir, pour subvenir à des besoins toujours croissants, altérer impunément les monnaies. L'expérience leur apprit qu'on ne viole pas sans péril les intérêts communs, que le désordre monétaire est un des plus grands fléaux que puisse subir une nation, et il leur fallut bien vite, en présence des troubles de tout genre causés par cette imprudente altération des monnaies, revenir franchement aux pièces de bon aloi, c'est-à-dire de bon alliage, d'un titre justifié. Leur principale erreur économique fut de croire que la monnaie n'était qu'un signe, que ce signe pouvait être sans danger modifié, tandis que la monnaie est plus qu'un signe, c'est avant tout un équivalent[1].

Le droit de battre monnaie fut souvent affermé par le pouvoir souverain. C'est ainsi que la république florentine le concéda à quelques-uns de ses banquiers, les Peruzzi, les Bardi, les Alberti. Il en fut de même en France, où Jacques Cœur eut ce privilége sous Charles VII. Aujourd'hui encore, dans la plupart des États, le directeur de la monnaie n'est qu'un industriel, une sorte d'entrepreneur, qui est tenu de monnayer les lingots que l'État ou les particuliers lui apportent. Il prélève pour ses frais une

[1] M. Michel Chevalier, dans son *Traité de la Monnaie*, fait très-bien ressortir cette différence.

somme fixée d'avance, et qui n'est qu'une très-petite fraction de la somme monnayée.

La frappe des monnaies est aussi ancienne que le monde civilisé, elle commence avec l'histoire. « On convint, dit Aristote, de donner et de recevoir dans les échanges une matière qui, utile par elle-même, fût aisément maniable dans les usages habituels de la vie. Ce fut du fer, par exemple, de l'argent, ou telle autre substance, dont on détermina d'abord la dimension et le poids, et qu'enfin, pour se débarrasser des embarras d'un continuel mesurage, on marqua d'une empreinte particulière, signe de sa valeur. » Quelle meilleure définition, aujourd'hui encore, peut-on donner de la monnaie? Remarquons, en passant, que le fer, quand il fut découvert et remplaça le bronze, dut être très-cher au début, à cause des difficultés que présenta tout d'abord l'extraction, la mise en œuvre de ce métal. Son emploi primitif comme monnaie s'explique précisément par suite de la valeur qu'il eut en principe et de sa rareté momentanée. Bientôt il devint trop commun et par suite de vil prix. Il en eut trop fallu pour représenter une certaine valeur. Le bronze, l'argent et l'or restèrent les seuls métaux adoptés comme monnaie, et ont joué jusqu'aujourd'hui ce rôle. Nous avons expliqué à quels caractères naturels spéciaux l'or et l'argent doivent cette propriété. Quant au bronze, ce n'est, on le répète, qu'une monnaie de billon, d'appoint, pour les petits payements et les achats domestiques quotidiens. Nous savons que l'on donne à cette monnaie une valeur de convention, au-dessus de sa valeur réelle, et que le bronze dont elle est faite peut, sans inconvénient, être remplacé par tout autre métal plus ou moins usuel, tel que le nickel. Celui-ci est moins oxydable que le bronze, et quelques pays, la Belgique, la Suisse, les États-Unis, ont eu l'heureuse idée d'en faire leur monnaie de billon. A la place de vilains sous salis par le vert-de-gris, on a ainsi une monnaie proprette et blanche, qui rappelle l'argent. Le nickel coûte du reste plus cher que le bronze, et vaut environ vingt francs le kilogramme, tandis que le bronze des monnaies ne dépasse pas trois francs. On donne généralement le nom de bronze à tout alliage du cuivre avec l'étain et d'autres métaux. Le bronze des monnaies françaises renferme sur 100 parties : cuivre, 95 ; étain, 4 ; zinc, 1.

La fabrication des monnaies s'est perfectionnée avec le temps, au moins sous le rapport mécanique; car pour le côté artistique il est telle vieille monnaie, grecque ou romaine, dont les modernes n'ont jamais égalé ni le fini, ni l'élégance. Généralement, on peut juger du degré où les arts sont arrivés chez un peuple par la beauté de ses monnaies. A toutes les époques de décadence, les monnaies sont les premières atteintes.

Au point de vue industriel de la fabrication, on distingue trois âges successifs : celui du marteau, celui du balancier, celui de la presse ; cette dernière est aujourd'hui en usage partout.

Le marteau commence avec l'antiquité la plus reculée, et jusqu'au seizième siècle de notre ère est seul employé. C'est par ce moyen que les anciens ont gravé toutes leurs monnaies, si recherchées depuis longtemps des collectionneurs, et la plupart revêtues d'une si magnifique patine, que les siècles leur ont donnée peu à peu. Le lingot, que l'on était obligé de peser, de couper, dut précéder de bien peu la pièce de monnaie, la rondelle, marquée d'une effigie destinée à en garantir le poids et le titre, et dont les pouvoirs publics prirent partout sous leur sauvegarde la fabrication et le contrôle.

La Bible, dans la Genèse, mentionne Thubal Caïn comme ayant été le premier fondeur de métaux, le premier ouvrier en cuivre et en fer, celui qui a tiré les premiers lingots de métal de leurs minerais ; c'est sans doute aussi celui qui aura frappé, chez les Hébreux, les premiers coins. Ceci nous reporte à l'an 2000 avant le Christ, et déjà, à cette époque, l'Assyrie et l'Égypte étaient en pleine floraison, et le véritable commerce avait pris naissance et remplacé presque partout les échanges primitifs. Vinrent ensuite les diverses communautés grecques, ces petites républiques démocratiques, filles de l'Asie et de l'Égypte, à la tutelle desquelles elles devaient sitôt échapper, et qui devaient porter les beaux-arts à un degré de perfection qu'ils n'ont depuis jamais atteint ni même égalé. L'art monétaire, l'art de graver les coins et d'en marquer l'empreinte sur une rondelle de métal, fut de ce nombre. Barbare dans les procédés de fabrication industrielle, il atteint dès l'origine, au point de vue de l'art, au comble de la pureté. Presque toutes les pièces grecques sont d'argent. La drachme est l'unité ; la pièce de 4 drachmes ou tétradrachme vaut environ 3 fr. 70 c. de notre monnaie actuelle.

La ville qui émet la monnaie y grave sa divinité protectrice, son nom, un monogramme et ses armes parlantes. Athènes, la métropole de l'Attique, a la Minerve casquée, avec la chouette et l'amphore à huile. On y joint la feuille et la baie d'olivier, et le caducée ailé de Mercure, symbole du commerce. Syracuse, reine de la Sicile et célèbre par ses jeux et ses pêcheries, a au revers un quadrige, le char attelé de quatre chevaux que conduit le triomphateur, et sur la face une tête de femme, Proserpine, entourée de poissons nageants, des thons peut-être. Smyrne, ville forte, a pour emblème une tête de femme ceinte de la couronne murale ; sur le revers, un lion et une couronne d'épis, figurant la fertilité de l'Asie Mineure. Marseille, colonie de Phocée, a sur la face une tête de Cérès avec une couronne d'épis, d'autres disent une Diane ou une Minerve, ou bien encore son port fameux du Lacydon, et au revers un lion, un taureau ou un crabe (fig. 49). Les Carthaginois ont une tête de femme coiffée du turban, et sur le revers un lion et un dattier, emblème de l'Afrique; les Étrusques, la tête

Fig. 49. — Monnaie grecque de Marseille, en argent.

de Vulcain, le dieu forgeron, qui préside à l'exploitation des mines et à la métallurgie, que les Étrusques ont importées d'Asie en Italie; sur le revers, le marteau, l'enclume et les tenailles, attributs du dieu. D'autres fois, c'est la trirème, qui rappelle à ces Lydiens émigrés qu'ils sont venus par mer se fixer dans la Péninsule. Les monnaies tyrrhéniennes sont presque toutes de bronze et fondues. L'empreinte est venue au moulage et non à la frappe.

En Asie, chez les Perses, par exemple, ce n'est plus une divinité, un emblème, c'est la tête du roi que l'on grave sur les dariques, qui prennent leur nom de Darius : de l'Orient nous vient le respect servile pour le chef. Jusqu'à Artaxercès, le roi est représenté un genou en terre, lançant le javelot

Plus tard, on le voit avec la barbe longue, la tête surmontée de la tiare : c'est le grand roi, le roi des rois. Sur le revers, une légende avec son nom.

Philippe, roi de Macédoine, grand exploiteur de mines d'or et d'argent, fait frapper à son effigie un nombre considérable de pièces de monnaie. Les *philippes*, comme on les nommait dans l'antiquité,

Fig. 50. — Monnaie d'or des Ptolémées.
A droite : Ptolémée I Soter et Bérénice, sa femme ; à gauche : Ptolémée II Philadelphe et Arsinoé, sa femme.

de même que nous disons les louis et les napoléons, sont restés célèbres et bien longtemps en usage. Alexandre marche sur les traces de son père, et ses monnaies, sur lesquelles est gravée la figure du jeune et immortel conquérant, sont parmi les plus belles qu'on connaisse. Les successeurs d'Alexandre, les Ptolémées d'Égypte, au moins quelques-uns, laissent des monnaies estimées (fig. 50). Les statères d'or d'Eucratide le Grand, roi grec de la Bactriane, vers l'an 180 avant J.-C., sont aussi fameux (fig. 51 et 52).

Les Romains apprirent des Étrusques l'art de

Fig. 51. — Monnaie d'or d'Eucratide le Grand, roi grec de la Bactriane. Valeur : 20 statères (environ 394 francs). Face : la figure du roi casquée.

Fig. 52. — Monnaie d'or d'Eucratide le Grand, roi grec de la Bactriane. Revers : Castor et Pollux à cheval.

fondre la monnaie. Ils ne la frappèrent pas tout d'abord, mais la coulèrent dans un moule, comme les Étrusques. Nous parlons de la monnaie de bronze. L'as rude ou lourd, en cuivre, pesait jusqu'à un kilogramme. C'était une monnaie bien embarrassante, et cependant elle s'est pour ainsi dire conservée jusqu'à nos jours dans les énormes baïoques pontificaux, usités jusqu'à la prise de Rome par les soldats de Victor-Emmanuel. Sur leurs as, les Romains mettaient volontiers la double figure de Janus *bifrons*, qu'ils avaient empruntée aussi aux Étrusques. Sous les rois, ils semblent n'avoir pas eu d'autre monnaie que le bronze. Alors ils ne commerçaient guère et se livraient seulement à l'agriculture. Sous la république, apparaissent les monnaies consulaires, la plupart d'argent. Toutes les grandes familles, tous les clans célèbres d'alors, les Flaviens, les Flaminiens, les Cornéliens, les Fabiens et cent autres, ont le droit de battre monnaie et en usent. La famille Julia, à laquelle appartient César, et qui prétend descendre d'Iule, le fils d'Énée, et par Énée de Vénus, fait frapper sur ses monnaies la tête de la grande déesse. Sous l'Empire commence la monnaie d'État. Alors, le droit de battre monnaie appartient seul à l'Empereur, par arrêt du Sénat, *Senatus consulto*, S. C., comme l'indique la devise au revers. A la plus belle époque, celle d'Auguste, les monnaies luttent presque, au point de vue esthétique, avec celles de l'ancienne Grèce : tout va de pair. Les empereurs mettent leur image sur les pièces d'or, d'argent et de bronze ; ils ont la tête couronnée de lauriers en leur qualité de triomphateurs, plus tard d'une vraie couronne. Les légendes abondent en appellations serviles et donnent au chef de l'État tous les titres, tous les pouvoirs : il est César, il est Auguste, il est, d'*imperator* ou généralissime, souverain pontife, tribun du peuple, consul, père de la patrie. Des épithètes ronflantes rappellent ses victoires et ses campagnes. Rien n'y manque, et cela fait si bonne figure que les Romains transmettent la chose à tous les autres peuples, et que cela dure encore aujourd'hui. C'est ainsi que Napoléon III était général en chef de l'armée française, et que la reine Victoria et le czar Alexandre II sont dans leur empire les chefs suprêmes de la religion !

A mesure que l'empire romain s'affaisse, l'art monétaire tombe aussi ; à mesure qu'il se relève, l'art se relève également. Sous ce régime où l'on organise tout, on centralise la fabrication des monnaies. Il y a des inspecteurs des mines, *procuratores metallorum*; des directeurs de la monnaie, *procuratores monetarum*. On prend des mesures très-sévères contre les faux monnayeurs. Sous Constantin, l'empereur converti, la croix et le labarum figurent sur la monnaie à la place de la Victoire ailée ou du Capitole, et bientôt Jésus-Christ et la sainte Vierge. Les empereurs, qui n'étaient jusque-là représentés que de profil, le sont de face ; mais quelles faces ! L'art a totalement disparu, et s'il fallait juger de Justinien par ses monnaies, le grand codificateur des lois romaines ne tiendrait pas dans l'histoire la place si honorable qu'il y occupe.

A la chute de l'empire romain, il y a un moment anarchie complète dans les monnaies, même à Byzance, qui reste encore debout. Les Barbares conservent des monnaies romaines le type et l'empreinte. Cependant les Francs font quelques efforts sous Dagobert et saint Éloi, qui cumule à la fois les trois rôles d'orfévre royal, de ministre des finances, de directeur de la monnaie. Sous Charlemagne et ses successeurs, l'art monétaire fait un pas de plus. On forme un monogramme des lettres qui composent le nom du souverain, de manière à figurer une croix; mais le vrai progrès ne viendra pas de là. Les Arabes créent seuls des pièces élégantes, commodes, claires, qui, dans toute la Méditerranée, pendant tout le moyen âge, sous le nom de talaris, (en italien *tarini*), d'où les Allemands ont fait le mot thaler et les Américains celui de dollar, servent comme d'étalon à tout le commerce, à toute la banque. Les Florentins prennent exemple sur cette pièce, quand ils frappent leur fameux florin d'or, à l'effigie de la fleur de lis florentine. A cette époque, saint Louis essayait à son tour de faire disparaître le désordre qui s'était glissé dans nos monnaies, mais ses descendants ne l'imitèrent point, et les premiers Valois, Philippe le Bel en tête, furent, on le sait, des faux monnayeurs de premier ordre. A plusieurs reprises, ils altérèrent sans vergogne la monnaie, créèrent ainsi des embarras sans nombre au commerce, provoquèrent les plaintes universelles, et forcèrent le peuple à demander à plusieurs reprises qu'on lui rendît « la forte monnaie du temps de monsieur saint Louis ! »

A chaque nouvel avénement de roi, à chaque émission de pièce, dans chaque localité, le nom, le titre de la monnaie changeait. Il y avait les sols tournois et les sols parisis, frappés à Tours ou à Paris ; le mot sol venait lui-même du latin *solidus*, pièce solide, pièce lourde. Il y avait les écus, qui portaient un écu blasonné ; les agnels ou agnelets, qui représentaient un agneau couché, l'*Agnus Dei* ; les nobles à la rose, que nous avaient laissés les Anglais de la maison d'York, laquelle avait une rose dans ses armes. Il y avait les besants, dénomination empruntée aux monnaies bysantines, et d'où vient sans doute l'expression proverbiale « il vaut son besant d'or », et non son pesant d'or, ce qui ne serait guère français ; il y avait les mailles d'argent, d'où vient aussi cette locution familière « n'avoir ni sou ni maille ; » il y avait les liards, portant le nom du monnayeur Liard qui les avait le premier frappés ; enfin il y en avait tant et tant, qu'une liste complète ne saurait en être donnée.

Les monnaies étaient toutes fabriquées au marteau. Le monnayeur royal accompagnait le prince dans ses tournées. A Paris, l'atelier était dans le palais du roi. Il en était ainsi depuis Dagobert et saint Éloi. Le « grand saint » s'en allait de ville en ville avec sa forge et son soufflet. C'était Oculi qui l'aidait, et la légende et la complainte ont relevé la confraternité touchante du patron et de l'aide : « Quand saint Éloi forgeait, Oculi soufflait ». Le savant orfèvre analysait les métaux dont on lui faisait la remise, et les frappait au nom de son maître : *Dagobertus rex*. Il signait de son nom *Eligi*, et mettait à côté celui de la ville monétaire, Marseille, Paris ou Metz.

Les procédés informes des Mérovingiens ne furent guère modifiés sous Pépin et ses successeurs, non plus que sous les premiers Capétiens. Jusque vers le milieu du seizième siècle, le système resta le même. On fondait le métal, on le coulait en lames et on le battait sur l'enclume. Quand on était arrivé à l'épaisseur voulue, on découpait à la cisaille des *carreaux* et on les faisait recuire, c'est-à-dire qu'on les repassait au feu pour leur rendre la malléabilité que le battage au marteau et le cisaillage à froid leur avaient fait perdre. Ensuite on coupait les pointes et l'on pesait les carreaux. Si le poids en était trop fort, on les ramenait au poids légal en les coupant encore. Si le poids était trop faible, on rejetait le carreau. On arrondissait la pièce jugée bonne. Pour cela, on la prenait avec des tenailles, et l'on battait sur l'enclume la tranche des carreaux, par les angles. On obtenait ainsi une rondelle qu'on nommait le *flan*. Le prévôt, qui avait reçu les lames, rendait au maître monnayeur les flans et les découpures, poids pour poids, ce qui s'appelait rendre la *brève*, comme qui dirait rendre le compte, sans doute parce que les détails de l'opération étaient inscrits sur une feuille de compte ou *bref*, qui fait *brève* au féminin, et vient du latin *breve*, résumé. Quelle que soit d'ailleurs l'étymologie de ce mot, il est resté en usage jusqu'à aujourd'hui dans l'art monétaire en France.

Le maître monnayeur délivrait quittance au prévôt, et portait les flans au décapage pour donner, au moyen des acides, la couleur aux flans d'or et blanchir ceux d'argent. Le prévôt reprenait alors les flans et les distribuait aux ouvriers qui devaient les monnayer. On se servait pour cela de deux poinçons d'acier appelés coins. L'un, la *pile*, ayant vers le milieu un rebord extérieur ou talon, se terminait par une queue effilée qu'on enfonçait jusqu'à ce rebord dans un billot de bois. L'autre coin se nommait le *trousseau*. Les empreintes des espèces étaient gravées en creux, l'écusson sur la pile, l'effigie ou *face* du roi sur le trousseau. On posait le flan sur la pile, on mettait l'autre coin dessus, et l'on donnait, avec un marteau ou maillet de fer, trois ou quatre coups secs. Le flan était ainsi monnayé des deux côtés. Les noms de pile et de trousseau que l'on donnait aux coins s'expliquent ainsi : la pile, parce que c'était le coin que l'on frappait, en quelque sorte que l'on pilait; le trousseau, parce que c'était le coin que l'on tenait et troussait de la main. Nous donnons cette dernière étymologie sous toute réserve.

Le système de monnayage au marteau a dû être en usage chez tous les peuples dès la plus haute antiquité. On le trouve nettement indiqué sur une médaille contorniate ou à contours (de l'italien *contorni*) qui existe dans la collection monétaire de la Bibliothèque nationale à Paris (fig. 53 et 54). Nous avons également retrouvé dans cette belle et curieuse collection divers coins monétaires des Romains, entre autres un coin en bronze à l'effigie de Tibère (fig. 55 et 56), et un double coin en fer de la monnaie d'Antioche, portant d'un côté l'effigie de Constant Ier, fils de Constantin, de l'autre, une Victoire debout (fig. 57, 58 et 59). Tous ces restes précieux ne laissent aucun doute sur les procédés monétaires des anciens.

Toutes les espèces de France ont été fabriquées

au marteau, comme celles des anciens, jusqu'au règne d'Henri II. Ce prince peut être considéré comme un réformateur de monnaies, car c'est lui

Fig. 53 et 54. — Médaille contorniate en bronze. Sur la face, Néron; sur le revers, l'indication d'un atelier monétaire.

qui, dès 1548, décrète que l'effigie ou tête du roi et le millésime seront désormais empreints sur toutes

Fig. 55. — Effigie de Tibère gravée sur le coin A.

Fig. 56. — Coin monétaire en bronze portant une effigie de Tibère.

les pièces, d'où le nom de *testons* (pièces à têtes) donné à quelques-unes. Comme le système au marteau offraît certains inconvénients, entres autre celui de livrer des flans d'épaisseur irrégulière et de ne pas monnayer la pièce d'un seul coup, et souvent de mal monnayer, de fournir des empreintes indé-

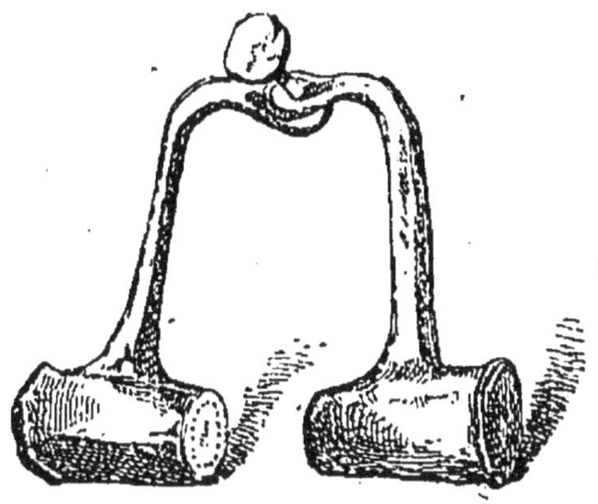

Fig. 57. — Double coin en fer de la monnaie d'Antioche, avec un système d'emmanchement réunissant le coin de tête et le coin de pile.

cises, on imagina, en 1553, le laminoir pour étirer les feuilles et le balancier pour les frapper. Ce genre

Fig. 58. — Effigie de Constant I, fils de Constantin, gravée sur le coin de tête de la monnaie d'Antioche.

Fig. 59. — Coin de pile de la monnaie d'Antioche, portant la figure d'une Victoire.

de fabrication fut appelé la monnaie au moulin, parce que les laminoirs, les cylindres tournants, entre lesquels les feuilles d'argent passaient pour l'étirage, étaient établis sur un bateau en Seine, et étaient mis en mouvement par une roue hydraulique analogue à celle des moulins à farine. Ce nom de moulin est d'ailleurs le même que celui de *mill*, que les Anglais donnaient et donnent encore aux laminoirs qu'ils venaient d'inventer pour étirer le fer.

Le « moulin de la monnaie » était situé à l'endroit où est aujourd'hui le terre-plein du Pont-Neuf, et l'atelier de monnayage tout à côté, « au logis des Étuves », à l'endroit où est maintenant la place Dauphine. Auparavant l'atelier monétaire était au Louvre, au palais du roi. Il avait occupé aussi d'autres emplacements, que la rue de la Monnaie et l'ancienne rue du Mouton semblent indiquer.

On donnait aux flans une régularité parfaite, d'abord au moyen du laminoir, qui étirait régulièrement les lames, puis au moyen du coupoir, sorte d'emporte-pièce, conduit par une vis, qui découpait les rondelles nettement. Les empreintes étaient obtenues au moyen du balancier, et elles étaient irréprochables. Cet engin, qui est resté chez nous en usage pendant près de trois siècles, était manœuvré par des hommes qui tiraient à chaque extrémité d'un levier au moyen de cordes attachées à une grosse boule, et lâchaient ensuite l'appareil, qui remontait brusquement de lui-même en suivant le pas d'une vis à filet carré (fig. 60). A l'extrémité de la colonne mobile montante et descendante, manœuvrée par les hommes, était un des coins; l'autre était fixé sur une sorte d'enclume, et c'est sur lui qu'on posait le flan, qui recevait l'empreinte sur les deux côtés par l'abaissement subit de la colonne mobile. Si un coup ne suffisait pas, on en donnait plusieurs. Le monnayeur qui avançait le flan jugeait de la frappe.

Ce système de balancier est encore aujourd'hui employé à frapper des médailles. En petit, c'est le même appareil qui est usité notamment dans les papeteries, pour marquer le papier ou presser les copies de lettres.

A la monnaie de Paris, le vieux modèle de balancier à main existe toujours, et a été employé jusqu'à ces derniers temps. On lui a donné un remplaçant dans le balancier à vapeur, qui fonctionne d'une manière à la fois plus sûre, plus régulière et plus économique (fig. 61).

Le mouton, espèce de marteau vertical tombant le long d'un chevalet, comme dans l'appareil à enfoncer les pilotis, a été partout employé, concurremment avec le marteau à main et le balancier, pour frapper la monnaie et les médailles ; nous venons de rappeler la rue du Mouton qui existait naguère dans le vieux Paris, et tirait de là son nom. Comme le balancier à main, le mouton est encore usité dans diverses industries, entre autres pour l'estampage des feuilles métalliques. A Paris, dans les

Fig. 60. — L'ancien balancier à bras pour la frappe des monnaies et des médailles.

quartiers travailleurs, on en trouve dans nombre de petits ateliers (fig. 62). Pour la frappe monétaire, le mouton était resté en usage jusque sous la première Révolution, et c'est avec un mouton, dont on peut voir le dessin original à la Monnaie de Paris (Musée des médailles) qu'ont été frappés la plupart des sous et des médailles de la République de 1793 à 1800 (fig. 63).

Le balancier, à ses débuts, ne fut pas adopté sans peine. Il simplifiait l'ouvrage et le faisait mieux; cela ne faisait pas l'affaire de la corporation des monnayeurs. En 1553, le balancier parait pour la première fois en France. Vingt-deux ans après, en 1585, devant les réclamations des ouvriers qui se prétendaient lésés, on revint aux vieilles méthodes, au marteau, au mouton, et la monnaie au moulin fut interdite. Sous Louis XIII, les pièces courantes étaient encore battues au marteau; mais en 1640 une ordonnance du roi enjoignit de frapper la monnaie d'or au moulin; en 1644 cette mesure fut étendue aux espèces d'argent, et en 1645 la fabrication au marteau fut partout formellement interdite, comme préjudiciable à la pureté et à la bonne fabrication des monnaies. Dès lors, le balancier resta le seul engin frappeur dont on se servit à la Monnaie de Paris, au moins pour les pièces d'or et d'argent. Il fut plusieurs fois perfectionné, notamment par le mécanicien Gengembre, sous Napoléon.

Sous Louis XV, l'hôtel des monnaies fut établi à l'endroit où il est encore aujourd'hui, quai Conti, sur l'emplacement de l'hôtel et des jardins du duc de Conti. Antoine fut l'architecte de ce magnifique établissement, dont la façade et le grand escalier méritent d'être vus.

La presse monétaire, qui a remplacé le balancier, date chez nous de 1846. Elle a été employée pour la première fois en Bavière en 1829, et importée en France par Thonnelier. Depuis elle a été modifiée et a subi plus d'un perfectionnement. Avant de dire comment elle fonctionne, expliquons comment on prépare aujourd'hui les poinçons et les flans.

Les deux poinçons de face et de pile sont d'abord gravés en relief, au burin, comme un camée, sur un acier très-doux, fondu exprès. Alors on les met au feu, puis on les trempe en les immergeant dans l'eau. L'acier durcit. A cet état, violemment frappé au moyen d'un balancier contre un cylindre d'acier doux, à face polie, il communique son empreinte à ce dernier, mais en creux.

Les poinçons gravés, il faut obtenir les flans. Voici comment on opère.

L'or et l'argent, alliés à la quantité légale de cuivre qui doit les rendre plus durs, un dixième du poids total, sont d'abord fondus dans un creuset en acier, puis coulés à l'état de lames dans une lingotière. Au moyen d'une cisaille circulaire, mue par la

Fig. 61. — Balancier à vapeur de la Monnaie de Paris pour la frappe des médailles.

vapeur, on enlève les bavures latérales de ces lames, on les ébarbe, puis on les porte aux laminoirs. Quand les lames ont passé un certain nombre de fois sous les cylindres, on les recuit sur la sole ou aire tournante d'un four à réverbère et on les repasse aux laminoirs. Finalement on obtient une bande de métal de l'épaisseur voulue. La longueur initiale est triplée, l'épaisseur est devenue six fois moindre. Alors on découpe les flans à l'emporte-pièce. La machine peut tailler 100,000 flans dans une journée de dix heures. On pèse les flans au trébuchet un à un, en limant ceux qui sont trop lourds, et rejetant ceux qui sont trop légers, sauf la tolérance de quelques millièmes que la loi accorde. Le flan est ensuite cordonné, c'est-à-dire légèrement recourbé sur tout son pourtour, au moyen d'une machine à étirer, qui fait que le flan passe de force à travers une filière oblongue entre deux coussinets d'acier.

Le cordonnage a pour but de corriger les imperfections de la tranche, de faire que le grènetis ou perlé et le listel ou moulure de contour apparaissent bien à la frappe sur le pourtour de la pièce, enfin d'empêcher que l'empreinte centrale ne ressorte trop en relief, ce qui ne permettrait pas d'empiler aisément la monnaie.

Après le cordonnage vient le recuit. Le métal, en vertu de toutes les actions auxquelles il vient d'être successivement soumis, s'est écroui, est devenu cassant; il faut lui rendre son état moléculaire normal, son élasticité, sa malléabilité primitive, et pour cela on le recuit en versant les flans dans un manchon ou cylindre en fer, que l'on place dans un four chauffé au rouge cerise. Ce cylindre tourne autour de son axe et force les flans à changer de place à chaque instant. Vient enfin le décapage, dernière opération qui précède la frappe. Elle a pour but de débarrasser les flans de toute matière étrangère, de les blanchir, de les lessiver. Pour cela on les agite mécaniquement dans un petit tonneau percé de trous, et plongé dans une eau acidulée au centième; c'est de l'acide sulfurique pour l'argent, de l'acide nitrique pour l'or. Après ce bain, on lave les flans à grande eau et on les sèche sur une bassine de cuivre, à double fond, où circule un courant de vapeur d'eau. Ils brillent alors du plus vif éclat. L'ensemble des flans provenant d'une même fonte porte toujours le nom de brève, et ce nom fut sans doute d'abord, ainsi qu'il a été dit plus haut, celui du bulletin sur lequel on inscrivait l'entrée et la sortie des flans.

Chacune des opérations qui ont été décrites est la même pour toutes les pièces, qu'elles soient d'or ou d'argent, de grand ou de petit module, et elle a été suivie chaque fois d'un examen minutieux des flans. Chaque fois on a écarté ceux qui présen-

Fig. 62. — Mouton pour la frappe des médailles et l'estampage des feuilles métalliques.

taient un défaut, un vice de forme quelconque.

Les flans préparés définitivement pour la frappe sont déposés dans des corbeilles, contrôlés deux fois, puis portés aux presses. Celles-ci, mues par la vapeur comme tous les appareils précédemment indiqués, sont chacune sous la surveillance d'un ouvrier spécial. Un levier articulé agissant de haut en bas, verticalement, une sorte de colonne, s'abaisse et s'élève successivement, et, grâce à un mécanisme à la fois très-ingénieux et très-simple, la pièce est instantanément frappée sur les deux côtés et sur la tranche.

Le mouvement de la colonne à la base de laquelle le *coin de pile* est fixé, est déterminé par une bielle et une manivelle. Une boîte jouant sur une rotule porte le *coin de tête* entouré d'une virole brisée, qui, montée sur ressorts, s'écarte et se resserre par un mouvement alternatif. C'est cette virole, gravée intérieurement, qui frappe la tranche du flan sur tout le pourtour. La distance ménagée entre les deux coins est réglée par une vis. A chaque oscillation de la machine, un flan se présente; il se trouve pressé entre les deux coins avec une force considérable, et reçoit la triple empreinte qui en fait une monnaie garantie. La rapidité de la presse monétaire est merveilleuse; celle-ci peut frapper, dit-on, jusqu'à une pièce par seconde, 3600 par heure. Le mouvement de descente des flans est curieux. Un godet reçoit de l'ouvrier conducteur de la machine une pile de flancs. Saisis un à un par un organe articulé, ils sont poussés successivement dans la cavité circulaire formée par la virole. Le flan est frappé, il devient une pièce; celle-ci remonte automatiquement, et est dirigée vers une gouttière d'où elle glisse dans une sébile posée sur le plancher. C'est un bruit métallique, un tintement continu qui retentit agréablement à l'oreille, une pluie d'or ou d'argent qui ne cesse pas et devant laquelle plus d'un visiteur s'arrête tout pensif.

La machine à frapper est intelligente : on dirait une personne sensée, on dirait des mains délicates et fines qui savent tout ce qu'elles font et tout ce qu'elles ont à faire. Elle s'arrête toute seule lorsqu'elle rencontre un flan trop large, ou que le godet qui l'alimente de flans est vide. En somme, c'est un des mécanismes qui font le plus d'honneur à l'esprit humain, et qui montre que la science ne connaît de nos jours rien d'impossible, rien qu'elle ne puisse exécuter.

Les pièces, une fois frappées, sont de nouveau contrôlées. Depuis quelques années, la Monnaie de Paris a pour cela emprunté à la Monnaie de Londres l'usage d'une balance automatique, sœur de la presse monétaire, qui fait la besogne toute seule et ne se trompe jamais. Elle pèse 1500 pièces de 20 francs à l'heure, et, selon que la pièce qu'elle

Fig. 65. — Mouton employé au frappage des sous de cuivre de la République française (Tête de Liberté).

A, le mouton et la charpente qui le soutient ; B, le monnayeur ; C, tireur du mouton à bras ; D, moutonnier, dirigeant le frappage avec un étrier : c'était le chef. Pour les pièces de 2 sous, on ajoutait un second tireur à bras.

apprécie est faible, forte ou juste, elle la dirige elle-même dans une trémie particulière, aboutissant à un réservoir spécial. Un habile fabricant d'instruments de précision de Paris, M. Deleuil, avait exposé à Philadelphie, en 1876, une balance de ce genre. Ce sont les balances de Deleuil qu'emploie la Monnaie de Paris.

Il y a en ce moment à la Monnaie de Paris 22 presses, dont 7 grandes pour les grosses pièces (pièces de 5 francs en argent, pièces de 100 francs en or). Une presse à argent peut faire 120 000 francs en pièces de 5 francs par jour de 10 heures, soit 12 000 francs ou 2400 pièces par heure, soit 40 pièces par minute. Une presse à or peut faire par jour 500 000 francs en pièces de 20 francs, soit 50 000 francs ou 2500 pièces par heure, à peu près le même chiffre que pour les pièces de 5 francs.

Au commencement de 1875, on frappait, à la Monnaie de Paris, 1 300 000 francs par jour, en pièces d'or et d'argent, avec 4 presses; mais on avait frappé jusqu'à 2 millions. Du 1er janvier au 31 décembre 1875, on a frappé 235 millions d'or tout en pièces de 20 francs, et 67 millions d'argent en pièces de 5 francs. Il faut y ajouter 8 millions frappés par la Monnaie de Bordeaux : c'est, en tout, 310 millions pour l'année 1875. La fabrication est loin d'avoir marché sur le même pied pendant l'année 1876. Pour l'argent, on ne pouvait d'ailleurs frapper que 54 millions, et à la fin on en a officiellement interrompu tout à fait la frappe. Que si l'on désire les chiffres détaillés de 1876, les voici tels que M. le baron de Bussière, directeur de la Monnaie de Paris, a bien voulu nous les communiquer :

TABLEAU DES ESPÈCES D'OR, D'ARGENT ET DE BRONZE FRAPPÉES A LA MONNAIE DE PARIS EN 1876.

Or,	pièces de 20 francs.	176,493,160 fr.
Argent,	— de 5 —	44,000,000 fr.
Bronze,	— de 10 centimes. . . .	45,773 fr. 20 c.
—	— de 5 — . . .	124,056 fr. 50 c.

En 1877, la frappe a sans doute continué à peu près sur le même pied, sauf pour les pièces de 5 francs, arrêtées par décret, et celles de 1 et de 2 centimes, que le public réclamait instamment, entre autres pour acquitter le prix du pain. On a émis de celles-ci à la fin de mai 1877, pour une valeur de 20 000 francs, moitié des unes et des autres.

Les hôtels des Monnaies de Paris et de Bordeaux sont seuls en activité depuis 1871, et l'or ne se frappe plus qu'à la Monnaie de Paris.

Sous le règne de Napoléon III, la Monnaie de Paris a frappé une valeur de 600 millions en argent et plus de 6 milliards en or; il faut y ajouter environ 17 millions en monnaie de bronze. Les autres ateliers monétaires de France ont frappé en outre 55 millions de cette même monnaie; en tout 62 millions en monnaie de bronze. On sait que cette dernière consiste en un alliage de 95 pour 100 de cuivre, 4 d'étain et 1 de zinc. De 1795 à la fin de 1876, le total des espèces décimales d'or et d'argent fabriquées en France dépasse 13 milliards 750 millions, dont 5 milliards et demi pour l'argent. En défalquant les pièces qui ont été retirées de la circulation, il reste en monnaie ayant cours un peu moins de 13 milliards et demi, dont la moitié est en pièces de 20 francs, et 5 milliards sont en pièces de 5 francs.

Voici, en millions de francs et année par année, le tableau des espèces d'or et d'argent monnayées en France de 1848 à 1876 :

ANNÉES.	OR.	ARGENT.
1848.	40 millions de fr.	120 millions de fr.
1849.	27	206
1850.	85	86
1851.	270	59
1852.	27	72
1853.	313	20
1854.	526	2
1855.	447	25
1856.	508	54
1857.	572	4
1858.	489	9
1859.	703	8
1860.	428	8
1861.	98	2
1862.	214	2
1863.	210	»
1864.	274	7
A reporter. .	5251	684

ANNÉES.	OR.	ARGENT.
Report. . .	5231 millions de fr.	684 millions de fr.
1865.	162	9
1866.	365	45
1867.	198	114
1868	340	129
1869.	234	61
1870.	56	69
1871.	50	24
1872.	»	27
1873.	»	156
1874.	24	61
1875.	235	75
1876.	176	53
Totaux. .	7071 millions de fr.	1507 millions de fr.

Total général : 8,578 millions de francs.

Le titre de nos pièces de 5 francs, comme celui de toutes nos pièces d'or, faut-il le répéter? est de 900 millièmes de fin, c'est-à-dire que ces monnaies renferment 100 millièmes de cuivre allié. La tolérance est de 2 millièmes en plus ou en moins sur le titre, et de 1 à 3 millièmes sur le poids pour les pièces de 100 francs à 5 francs en or; elle est de 3 millièmes sur le poids pour les pièces de 5 francs en argent, et de 5 à 10 millièmes pour les pièces de 2 francs à 0,20. Pour ces dernières la tolérance du titre est de 3 millièmes. Nous savons d'ailleurs que depuis 1865 et pour arrêter la sortie de nos petites coupures d'argent, qui alors, l'argent faisant prime, s'exportaient, le titre de ces petites coupures a été abaissé à 835 millièmes, soit 165 millièmes de cuivre, au lieu de 100 millièmes que la petite monnaie d'argent contenait d'abord.

Le système monétaire français, un des plus simples, est essentiellement décimal. Il consiste aujourd'hui en pièces d'or de 100, 50, 20, 10 et 5 francs, en pièces d'argent de 5, 2, 1 francs, 0,50 et 0,20; enfin en pièces de bronze de 10, 5, 2 et 1 centimes, soit 14 pièces en tout, 5 pour chacune des deux premières catégories, 4 pour la dernière, et chaque n'ayant que le nom de sa valeur propre.

Lorsqu'on regarde très-attentivement une pièce de monnaie, on s'aperçoit qu'indépendamment de l'effigie, du nom et des titres du souverain, du nom du graveur, de l'écusson ou empreinte du revers, du millésime, de la légende, de l'indication de la valeur, enfin de l'empreinte de la tranche, elle renferme certains signes particuliers. Ces marques, qui sont au nombre de trois, sont des signatures. L'une est dite la *lettre monétaire;* c'est une lettre spéciale qui indique la provenance de la pièce, l'hôtel des monnaies d'où elle sort. Paris a l'A, Bordeaux le K; ce sont aujourd'hui les seuls hôtels des monnaies en marche. Rouen marquait B, Lyon D, Marseille M, Lille W, Strasbourg BB. Le directeur de la fabrication met aussi son poinçon sur la pièce : c'est la *marque*. Le directeur actuel de la Monnaie de Paris, M. de Bussière, a choisi une abeille. Le troisième signe appartient au graveur général et se nomme le *différent*. M. Barre fils, qui a succédé à son père dans cette importante fonction, a choisi une ancre et signe aussi son nom en toutes lettres sur les pièces d'or. Toutes ces signatures sont une garantie et un surcroît de précautions contre les faux-monnayeurs. La place qu'elles occupent n'est pas indifférente; elle varie suivant la nature du métal et de la pièce, et a été fixée en 1865 par des arrêtés de la Commission des monnaies. C'est à cette Commission qu'appartient tout le contrôle et la surveillance, pour ainsi dire scientifique, de la fabrication. La partie technique, industrielle, est du ressort du directeur de la fabrication, qui gère l'entreprise à ses risques et périls, dépose un assez fort cautionnement, et reçoit 1 franc 50 centimes par chaque kilogramme d'argent, et 6 francs 70 centimes par chaque kilogramme d'or monnayés. Il entretient les machines et paye tous les ouvriers.

Les principaux hôtels des monnaies du globe sont ceux de Paris, de Londres, de Washington. Nous avons décrit celui de Paris. Tous les autres fonctionnent à peu près de même façon, avec les mêmes mécanismes.

IX

L'OR ET L'ARGENT DANS L'HISTOIRE

L'or et l'argent en Égypte, en Asie, en Grèce, à Rome, pendant l'antiquité. — Comment les deux métaux ont dû être découverts et exploités. — Fluctuations de l'or et de l'argent pendant le moyen âge. — Le marché italien et hanséatique. — Fluctuations de l'an 1500 à l'an 1800. — Le rapport de 1 à 15 1/2. — Fluctuations de 1800 à 1876. — Le marché de Londres. — Équilibre instable entre les deux métaux.

Dans le chapitre sur la monnaie qu'on vient de lire, nous avons eu occasion d'indiquer, à diverses reprises, les variations de prix de l'argent comparé à l'or, telles que l'histoire les a enregistrées. Il importe de revenir expressément sur ce sujet.

D'après le professeur Sœtber, de l'université de Gœttingue, cité par le statisticien minéralogiste des États-Unis, M. Rossiter W. Raymond, dans son dernier rapport officiel[1], la date la plus éloignée à la-

[1] *Mineral ressources west of the Rocky Mountains*, etc.; Washington, 1875.

quelle nous puissions remonter pour étudier les fluctuations de l'argent, est celle de l'an 1600 avant J. C. A cette époque, l'Égypte était depuis longtemps en pleine prospérité. Son commerce s'étendait au loin. Elle tirait l'or de ses mines d'Éthiopie, et recevait l'argent sans doute des Phéniciens, qui exploitaient les mines de l'Espagne et de la Sardaigne. L'inscription numérique de Carnack, dans une liste de tributs offerts par les nations vaincues au roi Touthmès ou Touthmosis, indique que le rapport de l'or à l'argent était à cette époque de 1 à 13,33. Le même rapport est indiqué en Assyrie dans une inscription cunéiforme sur des prismes ou tablettes d'argile, trouvées dans les fondations de Khorsabad ; cette inscription remonte à l'an 708. Enfin les anciennes dariques d'or de la Perse, vers l'an 500 avant J. C., présentent à peu près le même rapport, car une darique, du poids de 8 grammes 3 décigrammes, valait 20 sicles d'argent, du poids de 5 grammes et demi, ce qui signifie que 1 gramme d'or correspondait à 13 grammes 25 d'argent.

Hérodote, vers l'an 440, indique à son tour le rapport de 1 à 13, en mentionnant les tributs de l'Inde, où 360 talents d'or sont assimilés à 4680 talents d'argent, et Xénophon, vers l'an 400, mentionne de nouveau en Asie le rapport de 1 à 13,33 que nous avons déjà relevé.

En Grèce, de l'an 400 à l'an 323, c'est-à-dire de la

fin de la guerre du Péloponèse à la mort d'Alexandre, si l'on parcourt les auteurs du temps, surtout les traités de paix et les conventions commerciales que ces auteurs rapportent, on trouve que les fluctuations de l'argent par rapport à l'or pris pour unité, varient de 13,33 à 12 et même à 11 et demi.

En Égypte, sous les Ptolémées, le rapport de 1 à 12 et demi se maintient.

A Rome, pendant toute la durée de la République, le rapport de 1 à 12 n'est que très-rarement troublé, sauf à la suite de certaines conquêtes, accompagnées d'immenses pillages, qui font tout à coup affluer l'or ou l'argent dans les caisses de l'État et des particuliers. Quand César et ses légionnaires reviennent de la Gaule chargés d'or, le rapport de l'or à l'argent n'est plus que de 1 à 9; mais celui de 1 à 12 ne tarde pas à se rétablir, et se maintient à peu près fixe, avec de très-légères oscillations au delà ou en deçà de 12, pendant tout le temps de l'Empire, jusque sous les Antonins.

Sous Constantin et ses successeurs, on relève le rapport de 1 à 14,40, dans divers édits ayant trait à la frappe des monnaies.

En somme, pendant toute l'antiquité, le rapport de 1 à 13 ou celui de 1 à 12 donne généralement la valeur moyenne de l'argent eu égard à l'or. En ces temps-là les fluctuations, sauf quelques cas exceptionnels dont il a été donné un exemple, ne pouvaient être très-grandes, parce que le commerce d'une part, et de l'autre l'exploitation des mines de métaux précieux, n'avaient pas l'immense extension qu'ils ont reçue depuis.

En remontant à l'origine des sociétés, il est facile de se convaincre que l'or dut être le premier trouvé, à cause de ses caractères minéralogiques. Il existe à l'état pur, ou, comme on dit, natif, dans des sables d'alluvion ; il est inaltérable, il a une couleur, un poids, des propriétés physiques qui le trahissent vite. L'argent vint ensuite, et assez tard sans doute car, sauf des cas très-rares, il n'existe pas à l'état natif, et il faut l'extraire de ses minerais par le feu. Ce fut très-certainement d'une galène ou sulfure de plomb argentifère que fut tiré le premier lingot d'argent par la fusion et la coupellation. Un morceau de galène argentifère exposé au feu donne un bouton de plomb allié à l'argent ; ce bouton, de nouveau chauffé, donne un bouton d'argent. Dans le premier cas le soufre, dans le second le plomb disparaissent. Quoi qu'il en soit, la métallurgie dut commencer par l'âge d'or, lequel fut suivi de l'âge d'argent, et sur ce point, comme en bien d'autres, les conceptions mythologiques des anciens cachent une vérité qu'aujourd'hui l'histoire et la science proclament.

Les deux métaux furent bien vite adoptés dans la bijouterie et comme monnaie. Ils formèrent le principal élément de tous les tributs payés aux souverains par les sujets, aux conquérants par les nations soumises, et l'on vient de voir que le rapport de 1 à 13,33, réglant le poids d'or correspondant à un poids donné d'argent, fut même adopté pendant des siècles comme une sorte de rapport immuable par les rois de l'Égypte et de l'Asie. Ce même rapport et ses variations indiquent aussi très-sensiblement le coût, ou pour mieux dire le prix de revient, à diverses époques, d'un poids donné d'or et d'un poids similaire d'argent. Quand les chiffres changent brusquement, on peut être à peu près certain que le changement provient de l'une de ces deux causes, ou bien d'un afflux inattendu et trop considérable de l'un ou de l'autre métal (c'est généralement de l'or pendant l'antiquité), ou bien de l'arbitraire du gouvernement changeant à son gré le rapport entre les deux métaux pour altérer la monnaie et en tirer profit; mais ces brusques changements ne peuvent durer; dans le second cas surtout, les lois immuables de la nature reprennent le pas sur les caprices passagers des hommes, et les variations normales et régulières recommencent bien vite leur cours.

Pendant presque tout le moyen âge, le rapport de 1 à 12, légué par l'Empire romain, est celui que les auteurs indiquent le plus souvent. On le retrouve sous les Carlovingiens et dans la plupart des édits des rois d'Angleterre.

En Italie, vers le milieu du treizième siècle, alors que le commerce et la banque dans toute la Péninsule sont à l'apogée de la prospérité, c'est le rapport de 1 à 10 et demi que l'on constate. Gênes, Milan, Venise, Florence, Lucques, Sienne, Naples, voient l'or de l'Europe affluer dans leurs caisses, et travaillent et trafiquent pendant que les autres peuples se battent.

Dans le nord de l'Allemagne, les villes hanséatiques, notamment Lubeck, nous offrent le plus souvent, du milieu du quatorzième au milieu du quinzième siècle, le rapport de 1 à 12, qui tombe bientôt à 11 et demi, puis à 10 et demi. On devine, à ces variations, que les villes hanséatiques ont pris la place des républiques italiennes.

En 1497, la reine Isabelle, par l'édit daté de Medina, établit le rapport de 1 à 10 et demi, et l'Allemagne, en 1500, adopte ce chiffre. On voit que l'Amérique vient d'être découverte, et que Colomb a déjà envoyé d'Haïti les premiers chargements de pépites et de poudre d'or.

Les mines d'argent d'Amérique sont bientôt exploitées à leur tour. En Europe, si celles d'Espagne, de Macédoine et de Thessalie sont abandonnées, celles de Saxe et de Bohême entrent dans une période de production des plus prospères. L'argent abonde, et bien que l'on en fasse une grande consommation pour la fabrication de la vaisselle et d'autres objets domestiques, bien que l'Asie en réclame une quantité de plus en plus forte à cause de l'extension subite qu'a prise son commerce avec l'Europe, néanmoins, comme la production est plus forte encore que la consommation, et que les mines, surtout de 1550 à 1650, produisent à peu près sept fois plus d'argent que d'or, la valeur relative de l'argent commence à baisser, ou si l'on veut c'est l'or qui hausse, et de 11, 11 et demi, atteint 12, 13 et même 14 et 15, comme on peut le voir par les divers édits monétaires de France, d'Angleterre ou d'Allemagne, et par les prix courants des diverses places, entre autres celle de Hambourg, de l'an 1500 à l'an 1700.

L'économiste allemand M. Sœtber estime à 6 millions de piastres, soit 30 millions de francs, la quantité annuelle d'argent que l'Asie a reçu des mines américaines de l'an 1690 à 1800. L'Asie, en retour, envoyait de l'or. Newton, qui était directeur de la monnaie de Londres en 1717, estimait qu'en Asie une livre d'or valait 9 à 10 livres d'argent, tandis qu'en Europe elle en valait plus de 15.

A cette époque, les galions chargés d'or allant en Europe, et ceux chargés d'argent allant en Asie, ne couraient pas les mers sans périls : les flibustiers, les corsaires leur faisaient une guerre acharnée, et c'était à qui s'emparerait de ces riches butins.

De 1700 à 1800, le prix de l'or continue à monter et partant celui de l'argent à baisser, et cette ascension de l'or, sauf quelques oscillations très-faibles et momentanées, est constante, devant la production de plus en plus considérable en argent des mines hispano-américaines. Le rapport de l'or à l'argent atteint, en Europe, le taux de 15 1/2, à la fin du dix-huitième siècle. C'est à ce taux que la loi du 7 germinal an XI (28 mars 1803), qui règle encore le système monétaire français, établit ce rapport « de telle sorte que, écrivait le ministre des finances Gaudin, si avec 1 kilogramme d'argent, contenant 1 dixième de cuivre d'alliage, on faisait 200 francs, avec le même poids d'or, titrant de même 9 dixièmes de fin, on ferait 3100 francs. » Dans ce système, l'argent était l'étalon, et la pièce de 1 franc, du poids de 5 grammes, l'unité monétaire. Elle était, comme on dit, à la taille de 200 au kilogramme d'argent, et le kilogramme d'or était évalué à 15 kilogrammes et demi d'argent. La pièce d'or de 20 francs était ainsi à la taille de 155 au kilogramme.

Malgré le soin que prenait le législateur d'établir officiellement le rapport de l'or à l'argent, et de le déclarer en quelque sorte immuable, l'argent ne tarda pas à baisser encore, eu égard à l'or, car les mêmes causes qui avaient influé sur sa valeur relative agissaient toujours dans le même sens. Le rapport entre les deux métaux était de 1 à 16 en 1812. Si l'argent ne baissa pas davantage, c'est que l'exploitation des placers sibériens, de 1825 à 1848, vint compenser la diminution de production des mines d'or américaines et rétablir, pour ainsi parler, l'équilibre entre l'or et l'argent. En dix ans, de 1830 à 1840, les mines de Sibérie voyaient doubler leur production annuelle, qui passait de 20 à 40 millions de francs. Quoi qu'il en soit, l'or continuait à faire prime. On allait l'acheter chez les changeurs, et la circulation monétaire se composait exclusivement de pièces d'argent. Cela dura jusqu'en 1848, époque de la découverte des placers de Californie, laquelle fut bientôt suivie de celle des placers australiens. Ces deux gisements si féconds firent oublier ceux de Sibérie. Le monde fut littéralement inondé d'or. Jamais, à aucune époque, on n'en avait autant vu, autant extrait des entrailles du sol. En 1865, d'après M. Michel Chevalier, la Californie, l'Australie et la Sibérie produisaient à elles seules quatorze fois plus d'or que les mines américaines, à la fin du dix-huitième siècle, c'est-à-dire près de 200000 kilogrammes contre 14000. Dans le même intervalle, la production de l'argent n'augmentait que d'un tiers, et d'environ 900000 kilogrammes elle montait à 1200000. D'après d'autres auteurs, Raymond, Sœtber, etc., en 1800, on estimait la production de l'or sur le globe à 75 millions de francs par an, et celle de l'argent à 200 millions. En 1846, la production de l'or s'était élevée à 200 millions de francs, et celle de l'argent n'avait pas varié. En 1866, celle de l'or montait à plus de 700 millions et celle de l'argent ne dépassait pas 250[1]. Les quantités respectives des deux métaux qu'on était habitué à recevoir sur les marchés étaient ainsi bouleversées. L'or baissa, mais faiblement, jamais au-dessous de 15, se substitua à l'argent avec rapidité, surtout en France, et l'on passa, presque en un clin d'œil, de la monnaie d'argent à la monnaie d'or. Le public y applaudit, car les pièces d'or sont d'un maniement plus facile que celles d'argent, on peut en porter sur soi une plus grande quantité, et le comptage en prend beaucoup moins de temps. Cependant l'argent faisait prime. Des économistes annonçaient que l'or, devant une production de plus en plus exubérante, allait encore baisser, et qu'il fallait retenir l'argent à tout prix, dût-on altérer le titre de la monnaie d'argent. Tout à coup eut lieu la décou-

[1] Nous avons donné ailleurs des chiffres qui diffèrent peu de ceux-là. Au reste, sur cette délicate matière, les données statistiques sont toutes différentes, et aucune ne peut être mathématiquement exacte. Qui dira précisément la quantité d'or conservée par chaque mineur, et qui échappe aux relevés officiels? En Californie, on l'estime à plus de 10 pour 100 du total. Au temps de la domination de l'Espagne dans les deux Amériques, ce chiffre devait être encore plus considérable; car la couronne, sous le nom de *quinto*, s'adjugeait le cinquième de l'extraction brute en or et en argent. Chacun déclarait moins, pour moins payer.

verte des mines d'argent de Nevada, en 1860. On sait le reste, nous l'avons raconté ailleurs. Tout se passe en ces sortes de choses d'une façon quelque peu mystérieuse, et au moins fort en dehors de toutes les prévisions humaines.

Jusqu'en 1874, malgré la production de plus en plus grande en argent des mines de l'État de Nevada, le rapport de l'or à l'argent n'est pas monté au-dessus de 16. En 1875, il a dépassé 16 1/2; en 1876, 18, et même 19, au mois de juillet, moment de la plus grande baisse de l'argent. En décembre 1876, et dans les premiers mois de 1877, ce rapport s'est tenu aux environs de 16. Rien ne fait prévoir maintenant que la baisse de l'argent reprendra d'une manière suivie et deviendra aussi menaçante qu'il y a un an.

C'est à Londres, le premier marché monétaire, la première place commerciale du globe, que se règle depuis longtemps le cours de l'or et celui de l'argent. Le prix de l'argent est donné en onces *troy*, chacune d'une valeur de 31 grammes 10, et l'argent est coté à tant de deniers ou *pence* par once, au titre légal ou *standard* de 925 millièmes. Le prix de 60 deniers 1/2 correspond au rapport de 1 à 15 1/2, et donne le pair, c'est-à-dire que 200 kilogrammes d'argent monnayé valent en ce cas 1000[1] francs. Au prix de 49 deniers 2/16, atteint au mois de juillet 1876, le rapport de l'or à l'argent était de 19,2, et le prix du kilogramme d'argent monnayé n'était plus que de 808 francs, c'est-à-dire que la baisse était de plus de 19 pour 100.

Le 17 mai 1877, l'argent était coté à Londres au prix de 54 deniers 1/2 l'once, avec une tendance à la baisse. Les piastres mexicaines étaient à 55. Dans la semaine, on avait reçu d'Allemagne et des divers États américains un poids de 259150 livres *troy* de lingots d'argent, et le steamer de la compagnie *Péninsulaire-Orientale* partant pour l'océan Indien avait chargé 206000 livres de lingots d'argent pour l'Inde et la Chine, et 190200 livres de piastres mexicaines pour la Chine et les Détroits. (La livre *troy* ou de Troyes en Champagne, usitée en Angleterre pour les métaux précieux et aussi en médecine et en pharmacie, est du poids de 373 grammes 24.) — Dans la même semaine on avait reçu 1 million 40500 livres *troy* d'or, principalement importé d'Australie et d'Amérique, et l'on en avait réexporté le tiers, dont 10000 livres à Calcuta (*The Economist*, 19 mai 1877).

En rassemblant toutes les données qui précèdent, on voit que la fluctuation de l'or et de l'argent est un fait à peu près constant depuis les commencements de l'histoire. Si la baisse de l'argent n'a jamais pris une grande extension, si même, à certaines époques, elle a été enrayée, cela est dû à la découverte d'abondants placers aurifères, qui, successivement, ont apporté à la consommation une quantité d'or suffisante pour arrêter la baisse de l'argent et par conséquent la hausse de l'or. C'est ainsi qu'a opéré l'exploitation des placers d'Haïti au seizième siècle, de ceux de Guinée au dix-septième, de ceux du Brésil au dix-huitième, de ceux de l'Oural et de Sibérie dans la première moitié du dix-neuvième siècle. En 1848, est venue la découverte des placers de Californie; en 1851, celle des placers d'Australie; puis ont été trouvés ceux de la Nouvelle-Zélande, du Colorado, de l'Idaho, du Montana, quand les premiers voyaient diminuer le chiffre de leur extraction. Ajoutons que l'Asie, l'extrême Orient, en enlevant, depuis l'origine des temps historiques, au stock métallique de l'Europe une quantité d'argent de plus en plus forte, a contribué à maintenir une sorte d'équilibre, très-instable il est vrai, entre les valeurs relatives des deux métaux, et arrêté les baisses trop grandes de l'argent. Avec une production de plus en plus considérable dans l'ensemble, les affaires se sont multipliées, parce que l'instrument d'échange se mutipliait lui-même; seulement les prix de toutes choses ont haussé, parce qu'une quantité plus grande d'or et d'argent existait sur tous les marchés monétaires.

Est-il nécessaire, après ce rapide résumé historique, de revenir encore une fois sur la question éternellement débattue, jamais résolue, du simple et du double étalon monétaire? Les variations incessantes, continues, de l'or et de l'argent depuis les premiers âges du monde civilisé, depuis l'origine des sociétés et la naissance des échanges, démontrent suffisamment qu'un rapport fixe ne peut exister entre les deux métaux, que l'un ne varie pas moins que l'autre, et que l'or autant que l'argent est soumis à des fluctuations pour ainsi dire quotidiennes.

Turgot a dit fort sensément : « Toute marchandise est monnaie. » On peut retourner l'adage, et dire que toute monnaie est marchandise. C'est pourquoi l'or et l'argent varient à chaque instant de prix comme tout autre produit. Ils varient moins, sans doute, mais ils varient, et non-seulement vis-à-vis des autres produits, mais encore vis-à-vis d'eux-mêmes. Aussi tout effort accompli en vue de maintenir immuable le rapport de l'or à l'argent sera-t-il vain, et peut-on le condamner d'avance. Si l'histoire ne nous éclairait pas suffisamment à ce sujet, les principes de l'économie politique le feraient. Malgré tout, la vérité se fait jour difficilement, et les termes, les expressions dont on se sert, mal compris, mal expliqués, viennent encore embrouiller la question.

Les mots d'étalon et de mesure ont jeté la confusion dans tous les débats sur la monnaie. On a cru qu'il s'agissait de mesures invariables comme le pied ou le mètre, et l'on a dit avec Locke, que l'on ne pouvait mesurer les valeurs avec deux unités différentes, sujettes à augmenter ou diminuer. Ce n'est pas de cela qu'il s'agit. Quand on emploie l'or et l'argent comme signe, type, mesure et équivalent des valeurs, comme instrument d'échange en un mot, cela ne veut pas dire que l'on suppose à l'or et à l'argent une valeur absolue ou relative invariable, cela revient à dire que l'on mesure les valeurs avec ces deux métaux à la fois, ou l'un ou l'autre indifféremment, comme l'on se servirait indifféremment d'un mètre en bois ou d'un mètre en métal pour mesurer les longueurs. M. J. Garnier a très-bien fait comprendre cette analogie, et fort judicieusement remarqué qu'il n'était pas plus au pouvoir des hommes de décréter l'unité de monnaie que l'unité de combustible ou de boisson.

Il n'y a dans la nature que deux métaux qui peuvent jouer le rôle de monnaie, l'or et l'argent. On a expliqué pourquoi. Le bronze, le nickel, voire l'aluminium, ne peuvent fournir que la monnaie de billon. Cela étant, les hommes emploieront toujours l'or et l'argent comme monnaie, quoi que les États décrètent; de même qu'ils emploieront comme combustible, à la fois le bois, le charbon de bois, la houille, le coke, le pétrole, le gaz, etc., selon les besoins, et comme boisson, l'eau, le lait, le vin, la bière et autres liqueurs alcooliques ou sucrées.

Les États ne s'ingèrent plus dans les choses d'économie domestique ; pourquoi s'ingèrent-ils toujours dans celles d'économie politique? En limitant la frappe des monnaies d'argent, en prohibant même, comme en France, depuis 1876, la frappe des pièces de 5 francs en argent, ils ont créé l'une des causes les plus certaines de la baisse de ce métal.

La question de la monnaie et de l'étalon monétaire se simplifierait beaucoup si on la ramenait à ses véritables termes, mais le fera-t-on jamais? Il y a dans tout cela affaires de clocher, de parti pris, d'amour-propre national, qui entrent en jeu et viennent comme à souhait obscurcir l'entendement humain. Jadis, pour une question d'accent grammatical, l'Église grecque se sépara de l'Église latine, et l'union ne se fera jamais plus. Est-il étonnant que les hommes disputent sans jamais s'entendre à propos de la monnaie? Ce sujet est parmi les plus délicats, nous dirions même les plus ténébreux de l'économie politique, et les sectes économiques, pas plus que les sectes religieuses, ne sont prêtes à se donner la main.

X

L'OR ET L'ARGENT DANS LES ARTS

Les orfévres et les argentiers. — Divisibilité de l'or et de l'argent. — Battage et étirage. — Médailles, statuettes, bijoux dans l'antiquité et au moyen âge. — Le devant d'autel de Bâle. — La Renaissance, l'art contemporain.— La dorure et l'argenture galvaniques. — Le contrôle des matières d'or et d'argent. — Le poinçonnage — La bijouterie à bas titre.

C'est dans la joaillerie, la bijouterie, l'horlogerie, que l'emploi artistique de l'or et de l'argent éclate en pleine lumière. L'orfévrerie, le mot le dit assez, c'est l'art de mettre en œuvre l'or. Autrefois, on nommait argentiers ceux qui mettaient en œuvre l'argent. Les deux métaux interviennent dans tous les arts décoratifs, et l'architecture, la peinture, la gravure, la sculpture elle-même, les appellent sans cesse à leur aide. C'est l'or qui contribue à orner les parois intérieures des édifices, c'est lui qui *dore* les murs de nos appartements, les cadres des glaces et des tableaux, la tranche et le dos des livres, les ciselures des meubles; c'est lui, c'est l'argent qui, mêlés à la soie, donnent ces brocarts jadis si recherchés, et qui firent au moyen âge la fortune de Florence et de Venise.

La divisibilité est un des caractères physiques qui distinguent particulièrement l'or et l'argent. Sous le marteau du batteur, ils peuvent s'étendre en lames si minces qu'il en faut un très-grand nombre pour arriver à l'épaisseur d'une simple feuille de papier. A l'œil de la filière, ils peuvent s'étirer en fils presque invisibles et qui ne cassent pas. C'est sur ce principe que sont fondés la plupart des emplois usuels de l'or, soit dans la décoration des édifices et des ameublements, soit dans le tissage. Ce sont ces fils si délicats que l'on mêle à la soie; ce sont ces feuilles si ténues dont le doreur fait usage sur les corniches et les plafonds de nos salons, sur les cadres et les moulures des tableaux, des glaces, des meubles. Ces feuilles d'or s'étendent avec un tampon, pénètrent aisément dans tous les creux, et sont retenues sur toutes les sinuosités par une matière gommeuse.

De tout temps, les arts décoratifs ont demandé à l'or et à l'argent deux des matières les plus précieuses qu'ils puissent mettre en œuvre. L'antiquité nous a légué en ce genre des médailles inimitables, des statuettes, des bijoux de grand prix. C'est de l'Asie ou de l'Égypte que sont partis les premiers orfévres, et de là l'art de travailler l'or s'est répandu dans toute la Méditerranée avec les Phéniciens d'abord, ensuite avec les Étrusques et les Grecs. A Chypre, à Rhodes, on a trouvé de tout temps, on trouve encore aujourd'hui des bijoux anciens de très-grand prix, qui font l'ornement des collections particulières ou publiques. Le musée du Louvre en possède un grand nombre. Que de merveilles les tombeaux égyptiens, les hypogées étrusques, ne nous ont-ils pas révélées, et les fouilles faites à Pompéi, et celles en Assyrie, et celles qu'un archéologue infatigable, M. Schliemann, conduit depuis quelques années avec tant de bonheur et de flair en Asie et en Grèce?

A Troie, il a découvert le trésor du roi Priam, à Mycènes le cercueil d'Agamemnon. Que ce soit réellement Priam ou Agamemnon, peu importe. Le fait est que ces fouilles ont mis à jour des chefs-d'œuvre d'une beauté incomparable, des bijoux d'or d'un fini et d'une élégance inattendus. Et tout cela remonte à plus de trois mille ans! Que de patience, que de génie chez tous les orfévres de ces temps éloignés!

Les bijoux égyptiens, assyriens, lydiens, étrusques, grecs, ne sont pas moins soignés. On y relève un travail particulier, en grenetis ou en filigrane, une sorte d'ornementation des plus délicates, et cet art, qui annonce tant de patience, semble aujourd'hui à peu près perdu (fig. 64). Les Romains apprirent des Étrusques à travailler l'or de cette fa-

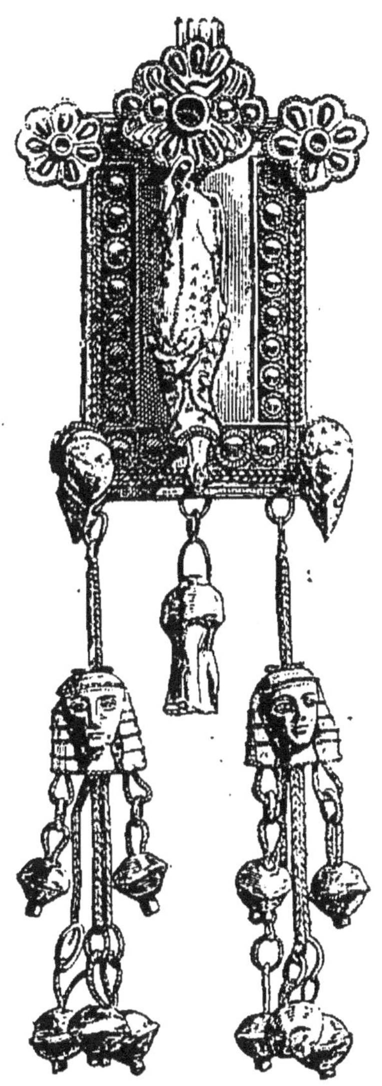

Fig. 64. — Parure en or, spécimen d'orfévrerie asiatique ou égyptienne, trouvée à Camiros (île de Rhodes). L'original est au musée du Louvre.

çon, et les musées d'Europe renferment la plupart de ces merveilleux bijoux. De Pompéi il est sorti nombre de chefs-d'œuvre. Aujourd'hui, dans la Péninsule, certains orfévres semblent avoir retrouvé le secret de travailler l'or de la même façon ingénieuse que les anciens. On dirait qu'à Naples, à Rome, à Florence, les Étrusques, les Grecs, les Romains ont laissé quelque chose de leurs anciens procédés. A Gênes, à Venise, le filigrane d'or et d'argent est de même toujours en honneur.

Tout marchait de pair chez les anciens, et nous ne les avons pas non plus dépassés dans l'art de monter sur or ou sur argent les pierres précieuses, le diamant, le rubis, le saphir, l'émeraude, la turquoise, le grenat, l'améthyste, la perle, non plus que dans l'art de graver les camées et de ciseler la pierre dure.

Mieux que nous, ils savaient aussi travailler l'argent au repoussé, et ils nous ont laissé dans ce genre nombre de statuettes, de coupes, de vases, où s'ajoutent à l'élégance des formes le fini, la délicatesse exquise du travail. Les artistes grecs ont été sur ce point inimitables, et c'est à leur école que se sont formés les artistes romains (fig. 65).

Au moyen âge, l'orfévrerie garde quelque chose de la rusticité du temps. Les bons modèles sont perdus, oubliés; néanmoins, les artistes de cette époque font preuve de bonne volonté et d'une certaine recherche. Quelques-unes de leurs œuvres méritent d'être étudiées. Alors, c'est l'Église qui triomphe, et emploie, concurremment avec la royauté, les meilleurs orfèvres. Tout ce qui a quelque mérite dans les arts est à la solde d'une église, d'un couvent, d'un monastère, quand ce n'est pas le prince qui accapare l'artiste. Que de châsses, que de devants d'autels, que de reliquaires, que de trésors! Tout ce que le monde renferme de pierres précieuses y est employé. Les gemmes proprement dites ne suffisent pas. On fait aussi appel à l'agate, au lapis, à la malachite, au corail, qui, nettement polis, donnent des placages du plus heureux effet.

Rien de trop beau pour honorer Dieu, la Vierge, le saint patron. Le trésor de Notre-Dame de Paris, celui de la Sainte-Chapelle, celui de l'église de Saint-Ambroise de Milan, ou du *dôme* de Sainte-Marie des Fleurs à Florence, sont parmi les plus riches et les plus connus. L'or et l'argent, les gemmes de toute eau et de toute couleur, y sont à foison répandus.

Un devant d'autel en or massif était au moyen âge chose commune. Il en existe un qui mérite d'être mentionné. Il a 95 centimètres de haut sur 1 mètre 78 de long, et avait été donné, au commencement du onzième siècle (vers l'an 1020), par l'empereur d'Allemagne, Henri II, dit le Saint, à la cathédrale de Bâle. En 1833, lors du partage du canton de Bâle en Bâle-Ville et Bâle-Campagne, cet objet précieux échut à Bâle-Campagne, qui s'empressa de le vendre. On le voit aujourd'hui au musée de

Fig. 65. — Amphore à vin, en argent repoussé, travail grec ou romain du temps d'Auguste, représentant sur la panse et le col des scènes et des héros de la guerre de Troie. Sur le pourtour on lit : Domitivs Tvtvs ex voto. — L'original, trouvé près de Bernay (Eure), avec un très-grand nombre d'objets de même valeur, existe à la Bibliothèque nationale de Paris (Cabinet des médailles et antiques).

Cluny, dont il est devenu une des maîtresses pièces. Ce devant d'autel est à hauts-reliefs faits au repoussé, c'est-à-dire que les figures ont été obtenues par le battage au marteau, et non par le moulage. Au milieu est le Christ, et de chaque côté deux saints, chacun dans une niche (fig. 66). Tout cela d'un très-bon style et d'une composition très-heureuse. Le moyen âge nous a légué peu d'ouvrages d'orfévrerie aussi précieux que celui-là.

Le musée de Cluny renferme d'ailleurs beaucoup d'autres richesses qu'il faudrait aussi rappeler, telles que des reliquaires gothiques en argent massif, représentant le dessin d'une cathédrale, et les couronnes des rois goths, trouvées à Tolède il y a vingt-cinq ans, toutes d'un art exquis et ornées de pierres fines taillées ou en cabochon. Ce dernier travail remonte au septième siècle.

Parmi les reliquaires, il y en a un des plus élégants qui provient du trésor de Bâle, et qu'on regarde comme l'ouvrage d'un artiste allemand de la fin du quinzième siècle (fig. 67).

Les traditions de l'art ne se sont jamais absolument éteintes, même à cette époque de transition qu'on est convenu, bien mal à propos, d'appeler la nuit ou la barbarie du moyen âge. L'humanité ne s'endort point, et il y a eu au moyen âge, en architecture et en orfévrerie notamment, des œuvres qui resteront toujours inimitables. Qui donc a surpassé encore les émaux de Limoges et les vitraux de nos vieilles cathédrales?

A l'époque de la Renaissance, c'est comme un autre art, c'est un autre style. L'élégance, le caprice se donnent carrière, et l'orfévre, le ciseleur le plus réputé de ce temps, Benvenuto Cellini, surpasse tous ses rivaux. Puis l'art se discipline et devient plus sobre, plus classique pour employer le terme en usage; mais le bon goût triomphe toujours. Le siècle de Louis XIV nous lègue plus d'un chef-d'œuvre. Les orfévres du temps de Louis XV arrivent ensuite avec leurs délicatesses cherchées, leurs mièvreries. Leurs successeurs introduisent un genre un peu plus sévère, et cela nous mène jusqu'à notre époque, âge d'éclectisme, où rien d'original ne se fait jour, où l'on pille tour à tour les Étrusques, les Égyptiens, les Grecs, les Romains, la Renaissance, le Louis XIII, le Louis XIV, le Louis XV, sans trop savoir à quelle mode, à quel style s'arrêter, et sans rien créer de nouveau.

Bientôt la démocratie, qui envahit tout, force le luxe à descendre au niveau de toutes les classes; la dorure et l'argenture par les procédés électro-chimiques remplacent presque partout les anciens ouvrages en or et en argent massifs. On reproduit au plus bas prix tous les chefs-d'œuvre. L'art s'est fait peuple, il a travaillé pour la foule, d'indus-

Fig. 66. — Ancien devant d'autel de la cathédrale de Bâle, en or repoussé. Au centre, la figure du Christ, aux pieds duquel sont prosternés l'empereur d'Allemagne Henri II et l'impératrice Cunégonde, sa femme ; à droite du Christ, saint Michel et saint Benoît ; à gauche, saint Gabriel et saint Raphaël. — L'original est au musée de Cluny.

trieux, il est devenu, comme on dit, industriel, et ce faisant, il a abdiqué, il n'est plus.

On sait comment se pratique l'opération de l'argenture et de la dorure par les procédés galvaniques. Dans un bain de sel d'argent contenant, par exemple, cent parties d'eau distillée, dix de cyanure de potassium, une de cyanure d'argent, on plonge une cuiller de métal, et l'on produit, au moyen d'une pile, un courant électrique. Ce courant décompose le sel d'argent dissous; l'argent se porte sur la cuiller, que l'on met au pôle positif de la pile, s'y dépose en lame mince. Quand la cuiller est ainsi restée un certain temps, on la retire tout argentée, et elle renferme d'autant plus d'argent qu'elle a été plus longuement soumise à l'opération galvanique.

La dorure galvanique s'opère de la même façon. On plonge les objets à dorer dans un bain de cyanure d'or préparé sur les mêmes proportions que le suivant; ou bien l'on fait usage, au lieu de cyanure d'or, de sesquioxyde, de chlorure ou de sulfure d'or.

Pour dorer ou argenter les objets, on a recours aussi au placage, qui consiste à appliquer une feuille d'or ou d'argent sur un autre métal; l'argent plaqué ou doublé d'or est ce qu'on nomme le vermeil.

Le vermeil s'obtenait jadis au moyen d'un

amalgame d'or qu'on étendait sur l'argent avec un tampon, et dont on faisait ensuite dégager le mercure à l'aide du feu. Toutes les dorures et argentures s'obtenaient d'ailleurs de cette façon. Les vapeurs mercurielles offraient de graves inconvénients pour l'ouvrier. On sait qu'elles provoquent la salivation, font tomber les dents, amènent un tremblement général des membres. La dorure et l'argenture galvaniques ont donc été un grand progrès.

Dans les premières années d'application du procédé d'argenture, tel que le découvrirent presque en même temps MM. Ruolz en France, et Elkington en Angleterre, on faisait déposer la couche d'argent par le procédé électro-chimique sur une cuiller de laiton. Au bout de quelques mois d'usage, le jaune du laiton apparaissait, par suite de l'usure rapide de la mince pellicule d'argent. En outre, le cuivre du laiton (le laiton ou cuivre jaune est un alliage de cuivre et de zinc) donnait du vert-de-gris, salissait la cuiller. Depuis une vingtaine d'années, on a fait disparaître cet inconvénient, en employant le métal blanc au lieu du laiton. Le métal blanc est un alliage multiple de cuivre, d'étain, d'antimoine, de nickel, de zinc, de plomb, qui est bien moins oxydable que le laiton, et a la couleur et l'aspect de l'argent, de sorte que la pellicule de ce dernier métal peut disparaître à l'usage sans que l'œil s'en aperçoive.

Fig. 67. — Grande châsse ossuaire en argent ciselé, incrusté et doré par parties. Ouvrage d'orfévrerie allemande de la fin du quinzième siècle, provenant du trésor de Bâle dispersé en 1836.

M. Christofle fabrique en France des cuillers par ce procédé, et il a donné à l'alliage particulier qu'il emploie le nom d'*alfénide*, du nom de M. Alfen ou Halphen, qui en a trouvé la formule.

Dans les procédés de dorure et d'argenture, il n'existe aucun contrôle, aucune garantie de l'État. Le fabricant met son nom et ses insignes sur les objets qu'il livre au commerce, des couverts par exemple; et quelquefois, par un chiffre isolé, il indique la quantité de grammes d'argent que le couvert renferme : c'est là tout. Pour les matières essentiellement composées d'or et d'argent, au contraire, pour tous les bijoux, la vaisselle, qui sont formés exclusivement de ces deux métaux, l'État exige une garantie, un contrôle avant la mise en vente par le fabricant. A Paris, il y a un bureau de garantie à l'hôtel des Monnaies. Dans les principales villes de province, il y en a également un, qui dépend à la fois des contributions indirectes et de l'administration des monnaies.

Les titres dont les fabricants peuvent faire usage sont au nombre de trois pour l'or, et de deux pour l'argent : 920, 840 et 750 millièmes pour l'or, et 950 et 800 millièmes pour l'argent. La tolérance de titre est, pour l'or, de 3 millièmes ; pour l'argent, de 5 ; mais pour les menus objets la tolérance est portée jusqu'à 20 millièmes.

Voici comment on procède au contrôle des matières d'or et d'argent. Quand l'objet est assez volumineux pour qu'on en puisse enlever environ un gramme sans le détériorer en le grattant, on essaye cette parcelle, si c'est de l'or, par la coupellation; si c'est de l'argent, par la méthode d'analyse dite de chloruration ou par voie humide, trouvée par Gay-Lussac. Cette méthode, qui consiste à précipiter et à doser l'argent à l'état de chlorure insoluble, au moyen d'une liqueur titrée de sel marin, dont un décimètre cube précipite un gramme d'argent, est préférable à l'ancienne méthode de la voie sèche ou de la coupelle, et donne un résultat plus juste. Au préalable, l'argent a été dissous dans l'acide azotique. L'or peut aussi s'attaquer par l'eau régale et se précipiter par le sulfate de fer. Si c'est un alliage d'or et d'argent, on le ramène à contenir 1 d'or pour 4 d'argent, et on opère en petit l'affinage des deux métaux, tel qu'il a été indiqué au chapitre VI. Ce procédé se nomme *l'inquartation.*

On évalue ainsi très-approximativement, au moyen de balances d'une délicatesse extrême, mises à l'abri de toute cause d'erreur, le titre de la pièce essayée, c'est-à-dire la quantité d'or et d'argent qu'elle contient, et la proportion de cuivre qui s'y trouve mêlée. Cette proportion de cuivre a, d'ailleurs, été déterminée par la loi suivant la nature des objets, et ne doit pas dépasser un chiffre donné. On dit qu'un bijou est au premier titre quand la proportion de cuivre est la moindre.

Quand une pièce échappe par sa ténuité à une prise d'essai, alors elle est appréciée au touchau. Il faut pour cela une pierre de touche de silex noir compacte, un flacon d'acide nitrique et un jeu de barrettes de cuivre, dont chacune porte, soudé à l'extrémité, un échantillon d'or d'un titre déterminé. C'est ce jeu qu'on nomme particulièrement le *touchau*. Le bijou, frotté sur la pierre, laisse une trace métallique sur laquelle on passe un peu d'acide nitrique. L'argent, le cuivre, le zinc et les autres métaux vils, alliés à l'or, sont dissous; l'or seul est respecté par l'acide. Ce qui reste de la trace primitive indique à un œil exercé le titre de l'objet essayé. S'il y a doute, on compare cette trace avec celle obtenue de l'une des barrettes du touchau, et l'on a bien vite une approximation suffisante. A la garantie, tout objet que l'essai indique comme étant trop au-dessous du titre légal, est invariablement brisé avant d'être rendu au fabricant.

Les objets essayés et reconnus justes, *droits*, sont transportés dans la salle du poinçonnage, où ils reçoivent une double empreinte, qui en détermine le titre. Les poinçons dus à M. Barre père, qui était avant son fils graveur général de la monnaie, sont d'un travail si parfait, si délicat, qu'ils déjouent les tentatives des contrefacteurs les plus madrés. Ces poinçons diffèrent tous l'un de l'autre suivant qu'ils doivent être employés au contrôle de l'or ou de l'argent, et selon les titres qu'ils constatent. Pour la vaisselle, les couverts, certains bijoux de poids, le contrôle est double. On appuie l'objet sur une petite enclume ou bigorne, qui porte gravés au microscope des stries, des insectes, des inscriptions ; chaque fois une partie de la gravure reste fixée d'un côté de l'objet, et jamais la même, pendant qu'on applique le poinçon réglementaire de l'autre côté. Prenez une cuiller ou un plateau d'argent, vous remarquerez très-bien à l'envers une tête de Minerve, par exemple, fortement empreinte : c'est de l'argent au premier titre ; à l'endroit, comme une marque effacée, incertaine, indéchiffrable sans la loupe : c'est l'empreinte de la bigorne. C'est la garantie inimitable de la première marque, tandis que celle-ci, par un bon graveur, pourrait être assez aisément reproduite.

Quand il s'agit des matières d'or et d'argent, le contrôle ne saurait être assez rigoureux. Déjà assez de fabricants y échappent, et la police a fort à faire pour les découvrir ; déjà le bureau de garantie doit repousser assez d'objets comme n'ayant pas le titre voulu et les briser avant de les rendre aux fabricants. Que penser encore de ceux qui *fourrent* les bijoux, en les faisant d'or légal seulement à l'extérieur, et les remplissant au dedans par du cuivre ou de l'or de mauvais aloi? Hâtons-nous de dire toutefois que la bijouterie française est une des plus loyales qui existent, et que tel pays voisin ne saurait entrer en parallèle avec nous pour la bonne foi apportée dans la confection des bijoux d'or et d'argent.

Tout le monde sait qu'en Italie beaucoup de bijoux sont vendus à un très-bas prix, et que la quantité de cuivre qu'ils renferment est quelquefois si apparente que le bijou présente çà et là des taches de vert de gris. Dans la Péninsule, on dit que l'or est à 22 carats quand il renferme un dixième de cuivre, comme les bijoux français au premier titre, et à 18, quand il en renferme 2 dixièmes et demi, comme pour notre troisième titre. Eh bien, on vous vend là-bas impunément des bijoux à 16 et même à 14 carats, c'est-à-dire à 665 ou seulement 600 millièmes de fin. Qu'est-il arrivé? C'est que la bijouterie italienne a perdu ainsi une partie de son antique renom, et que les étrangers, qui, après tout, ne sont pas aussi naïfs qu'on le croit, se sont de plus en plus défiés des bijoutiers péninsulaires.

XI

LE RÔLE DES MÉTAUX PRECIEUX

L'or et l'argent, causes premières de la colonisation. — Les Phéniciens, les Espagnols. — Le progrès industriel de notre époque est dû surtout à l'abondante production d'or et d'argent. — Les commencements de la Californie, sa transformation. — Curieuse destinée des deux métaux. — La monnaie de papier. — Rôle économique des métaux précieux. — Masse monétaire totale. — Proportion d'or et d'argent produite depuis 1848. — Les États-Unis sont le *trésor du globe*. — Avantages que l'extraction de l'or et de l'argent a valus à ce pays.

L'or et l'argent sont les métaux *nobles* par excellence, et justifient de tous points l'épithète que les alchimistes leur avaient donnée. Non-seulement ils sont parmi les plus précieux de tous les métaux, non-seulement ils jouent dans les arts un rôle particulier, non-seulement ils ont sur toutes les marchandises l'avantage d'être pris seuls pour point de comparaison et de servir de monnaie; mais encore, à toutes les époques de l'histoire, ils ont été les agents les plus actifs de la colonisation, du commerce international, ils ont même contribué pour une grande part aux découvertes géographiques. Les Phéniciens et les Carthaginois ont peuplé l'Espagne, y ont établi des comptoirs, surtout pour en exploiter les mines d'or et d'argent. Qui a poussé les Espagnols dans les deux Amériques, si ce n'est l'âpre amour du gain, la soif immodérée de l'or, le désir de faire fortune à tout prix, de mettre la main sur une veine d'or ou d'argent? Que cherchaient tous ces aventuriers, Espagnols, Italiens, Anglais ou Français, Cortez, Pizarre, Ponce de Léon, de Soto, Solis, Balboa, Drake, Raleigh, les Cabot, Verrazzani, Cartier, que cherchaient-ils, si ce n'est tous le pays de l'or, le légendaire Eldorado? La plupart ne l'ont pas trouvé, ou y ont touché sans le savoir; mais la plupart ont découvert des contrées nouvelles, dont leur patrie a pris possession et dont l'humanité tout entière a tiré profit.

Ce n'est pas seulement l'or et l'argent qui nous sont venus des Amériques, c'est le sucre, le café, le riz, la cochenille, l'indigo, qu'on y a introduits, et qui bientôt en sont retournés pour la plupart en quantités beaucoup plus considérables que n'en produisirent jamais les pays d'origine, l'Inde, les Canaries ou l'Arabie. Puis c'est le cacao, le coton, la vanille, le quinquina, les bois de teinture, de charpente ou d'ébénisterie, le tabac, la pomme de terre, le maïs, une foule de drogueries et de produits médicinaux, tous ceux-ci indigènes, et sans lesquels désormais les sociétés civilisées ne pourraient plus vivre. Et tout cela, parce qu'un jour des hommes avides, inconscients du rôle qu'ils remplissaient, sont venus demander aux flancs de ces contrées vierges s'ils ne recélaient pas l'or et l'argent!

L'or et l'argent! oui, ces contrées les recélaient et elles les recèlent encore. Et tout ce qu'elles en ont fourni n'est rien en proportion de ce qu'elles en fourniront plus tard. Il nous faut redire ici ce que déjà nous avons dit. Est-il rien de comparable, dans les trois siècles qui se sont écoulés depuis l'exploitation des premières mines américaines par les Européens jusqu'à l'année 1848, est-il rien de comparable à la seule production de l'or en Californie, et, depuis 1860, à la production de l'argent dans l'État de Nevada? La Californie, à elle seule, a produit autant d'or en vingt-cinq ans, que les deux Amériques en trois siècles, et le seul filon de Comstock en Nevada dépasse depuis quinze ans, par une fécondité qui semble inépuisable, les rendements les plus élevés des *veines-mères* et des *veines-grandes* du Mexique et de la Bolivie. Et cet exemple n'est pas isolé. L'Australie, la Nouvelle-Zélande vont de pair avec la Californie. La Sibérie voit tous les jours augmenter le rendement de ses mines déjà si fertiles et l'étendue de ses placers.

Cette grande production des métaux précieux, qui se continue sur une échelle immense et seulement avec des oscillations qui tantôt donnent la prééminence à l'or et tantôt à l'argent, est faite pour appeler les méditations de chacun. C'est elle qui a secondé et pour ainsi dire provoqué le grand mouvement industriel de notre époque, et tous les progrès en tout genre dont nous sommes chaque jour témoins. C'est elle, c'est cette production immense, continue, de l'or et de l'argent, qui a permis le mouvement d'affaires vertigineux qui entraîne notre génération, la construction de tous ces chemins de fer, de tous ces canaux, de tous ces tramways, de tous ces navires à vapeur, de tous ces câbles sous-marins. C'est elle qui a permis l'édification de toutes ces usines, de tous ces ports, de tous ces docks. C'est elle qui a rendu possible le percement des isthmes, et qui demain jettera un tunnel sous la Manche entre Douvres et Calais.

Tout semble s'être fait d'une façon concordante, harmonique. L'or de la Californie a été découvert, pour ainsi dire, à l'heure voulue, quand le moment avait sonné et quand le peuple qui pouvait le mieux tirer parti de cette trouvaille, et coloniser le mieux cette heureuse région, venait précisément de la conquérir par les armes. Qu'en avaient fait précédemment, qu'en auraient fait aujourd'hui les colons castillans dégénérés? Rien. Il fallait là le Yankee, patient et austère, énergique travailleur, infatigable pionnier, régi par la Constitution la plus libérale, la plus démocratique que les hommes se soient jamais donnée.

Ce n'est pas que les colonisations des contrées minières se fassent toujours par les moyens les plus honnêtes et les plus légaux. Il y a, au début, je ne sais quel mouvement tumultueux, quelle agitation malsaine. La Californie, sous ce rapport, a dépassé en actes regrettables toutes les autres régions minières. Il y a eu tant d'appelés et si peu de choix parmi les élus! Tous les vauriens, tous les bandits, tous les déshérités, tous les désespérés des deux mondes, se sont donné rendez-vous dans le pays de l'or. De là un mélange et des troubles sans nom, des vols, des incendies, des assassinats quotidiens; de là, l'appel incessant au revolver, à la loi de Lynch, aux comités de vigilance; mais tout s'est bientôt pacifié. La liberté a été comme le creuset où toutes les mauvaises passions sont venues se fondre et se purifier, et, dans ce pays de gouvernement libre, l'initiative et les efforts virils de chacun ont bientôt produit des miracles.

Le travail a vivifié et transformé le pays; celui-ci est devenu agricole de minier qu'il était d'abord, et déjà, en 1867, la seule récolte du blé dépassait en valeur toute la récolte de l'or. A côté du blé et de toutes les autres céréales, poussent la vigne, l'olivier, le mûrier, le chanvre, le lin. On élève aussi du bétail, principalement des moutons, dont on utilise la laine. Les forêts, dont les essences sont partout appréciées, surtout de la marine, sont également exploitées, et les produits de jardinage et de basse-cour, et les produits de la mer et des rivières. Je passe sur toutes sortes d'exploitations minérales qui ont accompagné celle de l'or, et qui fournissent la houille, le mercure, le cuivre, l'étain, le borax, le soufre, le plomb, l'argent. Bref, un pays tranquille et prospère n'a pas tardé à naître, et les jours calmes ont bien vite succédé aux agitations fiévreuses des premiers jours. Le climat est des plus sains; les émigrants, si troublés au début, vivent heureux, paisibles et riches; le progrès intellectuel marche de pair avec le progrès matériel, et le jeune État du Pacifique n'a plus rien à envier aux États les plus vieux et les plus prospères de l'Atlantique.

Tous ces résultats, toutes ces transformations, toute cette prospérité, tout ce progrès, qui les a amenés? qui en est la cause? Une pépite d'or! Sans la première trouvaille que le pauvre ouvrier Marshall fit, un matin du mois de janvier 1848, par hasard, en allant lever la vanne qui conduisait l'eau à la scierie hydraulique du capitaine Sutter, la Californie serait encore à naître. Elle serait restée, cette pauvre colonie espagnole dont nos pères connurent à peine le nom, perdue au fond du Pacifique;

elle eût été habitée seulement par quelques hardis colons et par quelques pauvres missionnaires, essayant de catéchiser les nomades de ces lointains déserts.

Si l'on voulait reprendre l'histoire de chacune des républiques hispano-américaines une à une, et l'histoire de la plupart des États ou des territoires des États-Unis qui s'étendent le long du Pacifique ou autour des Montagnes-Rocheuses, partout on constaterait le même phénomène social; partout l'influence de l'or ou de l'argent se ferait de même sentir, d'une façon en quelque sorte providentielle. Il en serait de même au Brésil, en Australie, dans la Nouvelle-Zélande et jusque dans les colonies du Cap et de Natal, où le diamant et l'or ont été récemment découverts. Il en serait de même dans l'antiquité, où l'Espagne, l'Asie Mineure ne furent pas autrement colonisées. On a parlé des Phéniciens; on pourrait rappeler l'expédition des Argonautes. Dans les colonies modernes, l'Australie va de pair avec la Californie; la culture de la vigne, du blé, l'élève du bétail, y donnent aujourd'hui plus de profits que l'exploitation de l'or; à celle-ci s'est jointe du reste l'exploitation de la houille, du cuivre, de l'étain, du zinc, du fer, du pétrole; mais qui a transformé le pays? une pépite d'or, comme ailleurs un minerai d'argent.

Curieuse destinée que celle de ces deux métaux!

Quelle main les a déposés, à l'origine des temps, dans les entrailles du globe? Quelle puissance leur a commandé de s'épancher, à l'état de vapeurs ou de dissolutions salines, dans ces cheminées naturelles remplies en même temps par les matières pierreuses, siliceuses, calcaires, qui composent la gangue des filons d'or et d'argent? Puis, quand les éléments se sont déchaînés, quand sont venus les pluies torrentielles, diluviennes ou les glaciers en mouvement, les pépites, les paillettes d'or, arrachées à la tête des filons, ont été précipitées dans les vallées, et s'y sont tenues cachées au milieu des graviers et des sables, jusqu'au jour où l'homme est venu les y retrouver. Qui a voulu tout cela; qui a décidé ces choses de toute éternité, et qui a préparé pour l'homme, qui peut-être n'était pas encore né, ces amas, ces gîtes, ces nids de métaux précieux, ces agents les plus certains des lointaines colonisations, des grandes migrations humaines et de tous les échanges internationaux?

Le commerce, le comprenez-vous sans l'or et l'argent? Imaginez-vous une autre monnaie, si ces deux métaux n'existaient pas? Et sans monnaie, y a-t-il des échanges réguliers possibles de peuple à peuple? Il en est qui s'imaginent que l'or et l'argent ne sont que fiction, et que le billet de banque, la monnaie fiduciaire, une simple valeur de convention que les hommes s'entendraient à donner à un chiffon de papier, suffirait à remplacer l'or et l'argent. Ces économistes d'un nouveau genre, qui entendent ainsi décréter la confiance dans les affaires, ne savent donc pas distinguer entre la monnaie de papier et le papier-monnaie? La première ne vaut pas plus que la feuille de papier sur laquelle est inscrite sa valeur, si derrière ce papier ne se cache une valeur égale d'or et d'argent. On le voit bien, quand on émet plus de papier-monnaie que le stock métallique d'un pays n'en comporte. Alors, le papier-monnaie baisse, baisse encore, et il ne remonte que lorsqu'un afflux d'or et d'argent a lieu, et que le stock métallique s'accroît. On l'a bien vu pour les fameux billets de la banque de Law au temps de la Régence, et pour les assignats au temps de la Terreur. Les billets de Law avaient beau être hypothéqués sur les terres du Mississipi, et les assignats sur les biens nationaux, comme ni les uns ni les autres n'avaient alors de valeur réelle, que personne ou très-peu en achetaient, les billets, comme les assignats, perdirent bientôt tout crédit.

Il n'y a qu'une seule monnaie véritable, l'or et l'argent. Les billets de banque, comme tout billet de commerce, sont destinés à faciliter les échanges et à suppléer au transport des espèces ; mais ils ne valent que ce que valent les espèces solides qui les couvrent, et rien, par conséquent, si derrière eux il n'y a pas, en or et en argent, une valeur correspondante, s'ils ne sont pas immédiatement réalisables en monnaie métallique.

Le rôle économique de l'or et de l'argent est assurément le plus curieux et le plus utile de tous ceux qu'ils remplissent ici-bas. Ils pourraient ne pas intervenir dans les arts, et les arts n'en existeraient pas moins, parce que ce qui fait les arts plastiques par exemple, c'est la reproduction de la forme, et cette forme, l'artiste peut la demander non-seulement à l'or et à l'argent, mais encore et surtout à l'argile, à la pierre, au marbre, au porphyre, au granit, au bronze, à l'ivoire, au bois, même à certaines pierres fines. Là, l'or et l'argent ne sont pas indispensables, ils apparaissent seulement comme une des matières premières ou comme auxiliaires. De même dans les arts décoratifs, où ils viennent en aide à la couleur. Mais, dans l'économie des nations, essayez de supprimer les deux métaux à la fois, et tout l'édifice s'écroule. Un seul au besoin aurait suffi, l'or ou l'argent. Des deux en même temps, on ne saurait se passer; sans eux plus d'échange, plus de commerce, et, pour ainsi dire, plus d'industrie; car l'industrie vit surtout de l'échange. C'est l'échange qui apporte à l'industrie la matière brute qu'elle met en œuvre, c'est l'échange encore qui exporte le produit manufacturé.

J'ai dit qu'un des deux métaux eût suffi. Entendons-nous. Si c'est l'or, les petites coupures, pour les petites sommes, seront trop ténues, et puis l'or n'a pas toujours été bien abondant. Si c'est l'argent, il en faudra un trop grand poids pour les grosses sommes, et la monnaie ne sera plus maniable aisément, perdra ainsi une de ses qualités. Donc, les deux métaux semblent avoir chacun leur rôle distinctif, et il ne serait pas juste que les hommes voulussent en proscrire un, comme on menace de le faire aujourd'hui.

On peut estimer que la masse monétaire totale existant actuellement sur le globe est environ de 70 milliards de francs, moitié en or et moitié en argent. C'est à peu près 170 000 tonnes d'argent et 12 000 tonnes d'or, de 1000 kilogrammes chacune, ce qui signifie que moins de 200 navires, du port de 1000 tonneaux l'un, suffiraient à charger tout ce numéraire. Il ne faudrait pas croire d'ailleurs que tout cet or et cet argent soient disponibles. Depuis les premiers temps de l'histoire, la majeure partie de l'argent, nous l'avons vu, s'en va en Asie, surtout dans l'extrême Orient, et n'en revient plus. Il se fait aussi un grand drainage de l'argent en Égypte, à Madagascar. On l'enfouit comme un trésor, qu'on retrouvera aux mauvais jours, et que parfois d'autres seulement retrouvent plusieurs siècles après. A Madagascar, on se sert en outre de l'argent comme monnaie pour les petits appoints;

mais comme on n'accepte des Européens que des dollars, des piastres, des écus de 5 francs, on coupe ces pièces en morceaux irréguliers que l'on pèse. Il faut aller au marché avec sa petite balance, et le malgache prudent pèse deux fois au lieu d'une. Il a deviné la méthode des doubles pesées, sur l'un et sur l'autre plateau successivement, et sait que, par ce moyen, une balance, même fausse, donne un poids juste, tout en indiquant sa fausseté.

Ce n'est pas seulement par l'émigration dans l'extrême Orient ou certaines contrées demi-civilisées, qu'une partie de l'argent disparaît; c'est encore par les incendies, les naufrages, et par l'usure au frottement, le *frai*, qui se chiffre sur la masse totale de numéraire, par millions chaque année. On a calculé qu'une pièce de 5 francs perd par le frottement 4 milligrammes par an. Comme elle pèse 25 grammes, cela revient à dire qu'elle perdrait en mille ans à peu près le sixième de son poids, mais cela signifie aussi que sur mille pièces de 5 francs, 4 grammes ou 80 centimes d'argent sont perdus en un an, et par conséquent 16 francs sur 100000 francs. L'or est tout autant sujet au frai que l'argent, et les États sont ainsi obligés de retirer de temps en temps de la circulation des pièces trop effacées ou diminuées. Toutes ces causes de pertes font équilibre à une production que quelques-uns pourraient croire en ce moment exagérée.

On estime qu'au commencement du dix-neuvième siècle l'Amérique tout entière produisait 225 millions par an en or et en argent. C'est quinze fois plus que toute l'Europe ne produisait. Le Mexique à lui seul fournissait la moitié de cette somme, presque entièrement en argent. Le Pérou donnait 31 millions d'argent, Potosi 25. La Nouvelle-Grenade extrayait 16 millions d'or, le Brésil 13, le Chili 10. La quantité totale d'or produite était à celle de l'argent dans le rapport de 1 à 3.

En se reportant au tableau qui a été donné page 165, on voit qu'au moment de la découverte de l'or en Californie, la production annuelle de l'Amérique était descendue en nombre rond à 208 millions de francs, dont le Mexique fournissait toujours la moitié en argent, plus 13 millions en or. Le Pérou donnait 33 millions d'argent, la Bolivie 12, le Chili 7. La Nouvelle-Grenade extrayait 17 millions d'or, le Brésil 9, le Chili 4.

On estimait à 10 milliards au plus toute la quantité d'or et à 27 milliards toute la quantité d'argent extraite des deux Amériques depuis la conquête jusqu'à l'année 1848.

Depuis 1848, il se produit environ 1 milliard par an d'or et d'argent sur toute la surface de la terre. Pour bien comprendre l'importance de ce chiffre et ce que ce phénomène a de saisissant, il suffit de noter que l'Europe entière, au moment de la découverte de l'Amérique, n'avait pas plus d'un milliard de numéraire en circulation, or ou argent monnayés. Aujourd'hui, c'est au moins soixante-dix fois plus, et les mines versent en outre un milliard chaque année, alors qu'à cette époque, et depuis Charlemagne, elles produisaient à peine quelques millions par an en or ou en argent.

Jusqu'à 1848, c'était l'argent dont le chiffre d'extraction prédominait, puis l'or a de beaucoup dépassé l'argent; celui-ci a repris ensuite une progression ascendante, et il y a aujourd'hui, on l'a vu, à peu près parité de production entre les deux métaux, nous entendons pour la valeur, non pour le poids.

En se reportant au tableau qui a été donné page 170, on voit que, de 1852 à 1875, il a été produit environ 14 milliards 600 millions de francs en or, et seulement 6 milliards de francs en argent. En 1852, la production de l'or était estimée à 912 millions, celle de l'argent à 202. En 1875, la production de l'or était descendue à 488 millions, et celle de l'argent était montée à 403. Ces chiffres se sont à peu près maintenus pour 1876. En somme, depuis 1852 jusqu'à 1876, c'est-à-dire pendant ces vingt-cinq dernières années, la production de l'or a diminué de moitié, et celle de l'argent a augmenté du double. Les chiffres de production sont aujourd'hui à peu près égaux pour l'un et l'autre métal, tandis qu'en 1852 il se produisait à peu près quatre fois plus d'or que d'argent.

Les trois principaux pays producteurs de l'or sont aujourd'hui, par ordre d'importance, l'Australie, la Californie, la Sibérie; et les deux principaux pays producteurs de l'argent, l'État de Nevada et les républiques hispano-américaines. L'État de Nevada produit à lui seul la moitié au moins de tout l'argent qui s'extrait maintenant sur le globe, et les États-Unis fournissent près de la moitié du milliard d'or et d'argent qui, chaque année, sort des entrailles de la terre. Cette production exceptionnelle de l'Amérique du Nord justifie le mot de Lincoln au président de la chambre fédérale des représentants, M. Colfax, qui allait visiter les mines du Far-West : « Adieu, Colfax, et dites aux mineurs que je m'occupe d'eux. Les États-Unis sont le trésor du globe! » Ce furent les dernières paroles que prononça publiquement Lincoln. Quelques minutes après il partait pour le théâtre, où Booth l'assassinait.

C'est en partie à cette production incessante de l'or et de l'argent que les États-Unis doivent de s'être si vite relevés des suites terribles de la guerre de sécession. Ce pays, qui n'avait pas eu jusque-là de dette publique, en a eu une s'élevant tout d'un coup à 15 milliards; ce pays, qui avait eu jusqu'alors une des plus belles monnaies du monde, l'a vue subitement disparaître, et l'a dû remplacer par l'affreux papier-monnaie ou *greenback*, lequel a perdu un moment sur l'or jusqu'à 160 pour 100; ce pays, qui avait 4 millions d'esclaves, les a vu émanciper en un jour; lui, qui n'avait pas eu d'armée, a dû lever un million d'hommes, et tout à coup les rendre, après la guerre, à leurs foyers.

Tant de secousses répétées, tant de périls accumulés comme à plaisir, eussent presque anéanti toute autre nation. Celle-ci s'est relevée peu à peu, plus prospère, plus vivace que jamais. Les miliciens émancipés sont revenus à leurs affaires, ou ont émigré dans le Far-West, pour s'y livrer principalement à l'exploitation des mines, dont beaucoup, celles du Colorado, de l'Utah, de l'Idaho, du Montana, du Dakota, ont été découvertes et fouillées depuis cette époque. La dette publique a été peu à peu éteinte, amortie, souvent de plus d'un million de francs par jour, de 2 milliards et demi au total depuis 1865, année qui vit finir la guerre de sécession. Le papier-monnaie, si discrédité pendant la guerre, a vu sa valeur peu à peu remonter, et aujourd'hui une différence de 4 à 5 pour 100 à peine le sépare de l'or, de cet or qui jouissait naguère sur le *greenback* d'une prime si forte.

Les champs de coton, ruinés pendant la lutte fratricide, ont été partout repris et librement exploités. Aujourd'hui, on produit autant de coton qu'avant la guerre (4 millions et demi de balles par an), et le prix en est aussi bas qu'en 1860. De toutes parts les industries si diverses et si productives du pays se sont également relevées: industrie agricole, forestière, élève du bétail, exploitation de la houille, du fer, du cuivre, du zinc, du plomb, du mercure, du pétrole, forges, filatures, cristalleries, manufactures de toutes sortes. A quoi ce réveil si prompt est-il dû, à quoi ce merveilleux renouveau? surtout à l'or et à l'argent que le pays produit en quantités toujours croissantes, dont il renferme des gîtes si nombreux et pour ainsi dire inépuisables, que le mineur fouille de plus en plus. Assurément, parmi tous les exemples que nous aurions pu prendre pour démontrer le rôle si fécond, si réparateur, que les deux métaux jouent et n'ont cessé de jouer sur notre globe, nous n'en pouvions choisir un plus décisif, plus concluant. C'est pourquoi nous avons voulu terminer, par ce rapide tableau de la renaissance américaine, ce qui nous restait à dire sur l'or et sur l'argent. De quelque manière qu'on l'envisage, la fonction de ces deux métaux est des plus nobles, et le rôle qu'ils jouent ici-bas des plus marquants et des plus élevés.

FIN.

TABLE DES FIGURES

TABLE DES MATIÈRES

IV

LES GÎTES AURIFÈRES DU GLOBE.

V

LES MINES D'ARGENT DE NEVADA.

VI

LA MÉTALLURGIE DE L'ARGENT.

VII

LES GÎTES ARGENTIFÈRES DU GLOBE.

VIII

LA MONNAIE.

IX

L'OR ET L'ARGENT DANS L'HISTOIRE.

X

L'OR ET L'ARGENT DANS LES ARTS.

XI

LE RÔLE DES MÉTAUX PRÉCIEUX.

PARIS — TYPOGRAPHIE LAHURE
Rue de Fleurus, 9

www.ingramcontent.com/pod-product-compliance
Lightning Source LLC
Chambersburg PA
CBHW070238200326
41518CB00010B/1607

* 9 7 8 2 0 1 2 5 8 4 1 2 9 *